# 梦幻南极

## Menghuan Nanji

苑子视界2

● 苑子 图\文

U0353232

广东省地图出版社
GUANGDONG MAP PUBLISHING HOUSE

# 图书在版编目（CIP）数据

**梦幻南极** / 李燕萍著. - - 广州：广东省地图出版社，2011. 11
**ISBN 978-7-80721-450-2**

Ⅰ. ①梦… Ⅱ. ①李… Ⅲ. ①南极 – 游记 Ⅳ. ①P941. 6

**中国版本图书馆CIP数据核字（2011）第228430号**

责任编辑：刘素娟
图片摄影：苑　子
图书设计：邓传志


梦幻南极
作　　者：苑子（李燕萍）
出版发行：广东省地图出版社
　　　　　http://www.gdmappress.com
地　　址：广东省广州市环市东路468号（邮政编码：510075）
印　　刷：广州市岭美彩印有限公司印刷
规　　格：889毫米×1194毫米　　1/24
印　　张：9
印　　数：1-3000册
字　　数：82千字
印　　次：2011年11月第 1 次印刷
书　　号：ISBN 978-7-80721-450-2/P · 18
定　　价：62.00元

# 目录

# 目录

# 目录

# 目录

南极"从头到脚"处处是资源，而且资源量常常要以天文数字来计量。
南极历史学家维多利亚·萨莱姆说：
"南极是这个星球上最纯净的地方，但它正面临着严重的危机。"
南极——地球最后的净土，真的难"净"了吗？

今天，南极最大的威胁确实来自人类活动造成的气候变化以及臭氧层空洞，
来自我们过度发展导致生态破坏以致环境恶化。
对此，每一个世界公民从现在做起，从自我做起，
强化环保意识，节约能源消耗，实施低碳生活，
坚持不懈地做对南极、对地球有价值有意义的事情。

南极的纯净，无声地荡涤着一切世俗。
南极的圣洁，有效地弘扬着一种精神。
放弃物欲权欲色欲，回归自然朴实纯真。
南极之行给了我真正的人生意义！
南极之行让我的心灵做了一次真正美的朝圣！

## 追梦

追梦者不言迟。
为梦想万里行，相会在南极——

"来南极，请带着爱心与责任一起来！"

# 目录

追梦B：踏上南极之旅
——旅行贴士.........................172

天上最难的事，是太空旅行；天下最难的事，是叩访南极。
去南极，应该是绝大多数人这一辈子最高级别的出游，
是对人的心智和体力的最大挑战，也是最花钱的旅游。
通常说，兵马未动粮草先行，因此，必须做好方方面面"备课"——
时间、行程、费用、交通、背囊、用具、食品、药物、住宿、美食、摄影等等
的充分准备。

## 附录 .........................................184

### 南极知识ABC

# 南极如梦　仙境似幻

序

对女人而言，最漂亮的衣服永远是下一件；

对旅者来说，最美丽的风景永远是下一站。

可是，当你踏上南极之时，那如梦似幻的仙境让你倾倒数回，那纯净天堂的绝美让你无法自已！你会毫不犹豫并非常肯定地说：

南极，就是每一位旅行者的终极目标！

南极，就是地球上惟一最美丽的风景！

在地球最遥远的一端，南极那片神奇的土地散发着无穷的魅力。尽管只有短短9天南极半岛巡游航行，尽管饱受了德雷克海峡晕船上吐下泻的艰难折磨，但她那绝美、神秘令我无限着迷；她的圣洁、纯净让我万般倾心；她的无伤害、无污染的自然生态使我陶醉不已。当看到南极那泛着蓝光的冰山和宁静之时，当观赏南极企鹅那可爱憨态之时，我激动得流下了热泪……

真的是，总有一种情景，让我们如梦似幻！总有一种力量，让我们泪流满面！

南极的如梦似幻，南极的美丽神奇，最是让人魂牵梦萦的！最是让人着迷惊叹的！何止我呢？！每一个到过南极的人，都对南极那纯净到近似天堂的景色而震撼，都对南极那最天然的野生动物园而心折：

"我不曾想象过天堂的模样。但是南极的大自然以它丰富的想象力，为我做了一次虚拟实境。我几乎就要相信，如果有天堂，它应该和这样的场景与感觉最接近……"有位作家到南极旅游后，在他的书中这样写道。

广州游客张叔偕同妻子2007年11月乘 Lyubovorlova号破冰船踏上全程20天的南极之旅。谈起南极，张叔的印象是凄美、干净、多变。冰川在移动，浮冰会断裂，贼鸥翱翔，企鹅追逐嬉戏，每一处景观每一秒都在变化中。而冰川，也不是想象中白茫茫一片，而是深深浅浅的蓝，甚至还有粉色的雪。一块块的浮冰，一座座形状各异的冰川，都让大家感到无比的兴奋，同时也让大家真正看到大自然的美丽和壮观。

来自德国的奥丽丝女士是企鹅的粉丝，一讲到那可爱的企鹅，她就好像在讲自己的亲生儿子一样。她与丈夫2009年2月到南极，天天近距离观赏那憨态可掬、人见人爱的企鹅——孵蛋、喂食等。她说，南极的企鹅非常可爱，不仅一点都不怕人，你坐着或站着不动，它们常常走近主动示好哩。那感觉太奇妙了！对喜爱自然野生动物的朋友而言，观赏地球最后未受污染的荒野的动物原生态，实在是置身于最奇妙最有亲和力的野生动物园中。

"在南极游览的日子里，我欣慰的是，所看到的依旧是一片净土。无论是几百号人刚走过的荒岛，还是经常有人驻守的科考站，都未曾看见一丁点儿垃圾。雪依然洁白，冰依然透明中泛出蓝和绿，天空如洗，海水湛蓝。虽然有点荒凉，有点孤寂，颜色也饱和得有点失真，但来过南极，才真正领略到了什么叫纯净自然，什么叫奇妙和壮美。南极的面貌仿如亘古未变。"一位中国媒体人士说。

还有"南极归来不看冰"的感觉；南极雪山冰川与动物天然组景是摄影最佳景观；南极的许许多多未知的神秘色彩……

于是我们去南极，让那种原始的未被任何人类干涉过的粗犷震撼灵魂；

于是我们去南极，让烦杂纷乱的心灵因与世无争宁静安详而纯洁美丽。

我从小发梦——拥抱南极；有梦就有寻觅——踏上并不潇洒的寻梦之旅；展开的圆梦旅程——编织出一个个精彩的南极故事；梦幻感觉——似梦如徜徉在纯净天堂和绝美仙境；梦醒之后的思梦：让人魂牵梦萦忧虑的是环保；追梦者——为梦想万里行，相会在南极吧！

到那儿去感受：她是一块距离人类如此遥远的土地，她是世界风光无限的最后一片净土，她也是地球上一片最大的不毛之地，她又是一块如此神秘与世隔绝的土地；

到那儿去领略：她充满了神秘的色彩，那里至今仍是世界上唯一没有永久居民的大陆，那里仍是冰海雪原的蓝白世界，那里有耸立海中的万丈冰崖，那里有奇妙壮美的冰川海岸，那里闪烁着色彩斑斓的奇异极光，那里有憨态可掬的企鹅、海豹、海狮……

亲历南极，终于感悟到：南极——如梦似幻如诗如画！

亲历南极，终于感悟到：南极——恍如仙境胜似天堂！

"因为爱着你的爱，因为梦着你的梦"——

亲爱的读者，远征南极吧，是我的梦想也是你的梦想。

亲爱的朋友，亲历南极吧，让我终生无憾终生难忘也让你终生无憾终生难忘！

2011年春月

# 发梦

谁都会发梦。

　　我从小发的梦就是——

## 拥抱南极

---

"在那遥远的地方，有位好姑娘……"

王洛宾这首歌唱出我的心声，

我心中那位"好姑娘"就是南极！

南极，你真是美好的天堂？

南极，我何时可以拥抱你？我常常冥想。

南极，你就是遥远的恋人！

距离，产生更深远的爱情。我日日思念。

---

　　做梦，是每一个人的本能。因为"梦是心灵的思想，是我们的秘密真情"（杜鲁门·卡波特）。

　　正如马丁·路德·金所言：我有一个梦想。

　　而我自己的梦想呢？

——到南极去！这一梦想，在自己脑际中已经萦绕了数十年——近年来越来越强，感觉胸膛已经是快要燃烧的了。丁尼生说过，梦想只要能持久，就能成为现实。我们不就是生活在梦想中吗？

　　曾记得，童年时有次用小指头指着地球仪的底端白色的一块，奶声奶气地说："这里下雪，我要去看雪！"惹得幼儿园老师们都笑了。

　　曾记得，学地理听讲南极一课：那占地球陆地面积十分之一、1400万平方千米的地方，屹立于地球的最南端，孤独，酷寒，陪伴她的是千万亿年的冰山，而无数活泼的企鹅、海豹、海狮、海鸟，还有鲸鱼等等，是与她长相厮守、永不离弃的"居民"。我托腮凝望黑板的南极版图，心想：要是能去亲眼看看，此生足矣！

　　也曾记得，那是在2005年12月20日，当我在芬兰最北端拉普兰罗凡涅米的圣诞老人村领到"北极证书"，激动之余，掠过自己脑际的第一个念头就是：何时再得一纸"南极证书"那该多好！是啊，对于一个热爱旅行的人来说，每一次旅行都是值得期待的，每一刻都涌动着探索未知世界的梦想。

如果说童年少年的闪念只是一丝火花，而火花变成火苗的助推器是传媒信息，是"北极证书"的牵引，那让火苗燃烧起来的是——广州南极组团游：在2006年，广州有旅行社首次组团前往南极，每人10万元的团费依然阻挡不了人们的出游热情，25人限额却报了50人，只好分两批。首团25人全是"敢为天下先"的"老广"，竟有9位女性。他们经历德雷克海峡的风浪及每天在零下10℃严寒下徒步10小时。该团在南极大陆上生活了10天，开创了中国普通百姓在南极逗留时间最长的先河。媒体追踪报道这些勇敢者的举动，还有他们的切身感受：

　　——"南极，是一片神奇的地方，来的人都会被它震撼，或许是被它纯粹的美，或许是被这里生命和自然的关系，或许是被自己在彼时彼刻看到的自己和那些触动。"

——"获得这样的感受如同天赐。每一个来过的人，每一个被南极打动的人，都会珍惜这样的感受和这样的联系。对于来过的人，南极，不再是一个遥远的地名，一个虚无的梦想，一个笼着光环却面目不清的圣地；它，就在和你相遇的一刻，变得实实在在。它让每一个有幸体会的人都心甘情愿责无旁贷地成为它的大使，它的发言人。"

这些，都深深地叩击着我的心灵，时时敲打着我的梦想。

梦想一旦被付诸行动，就会变得神圣——阿·安·普罗克特的话说得多好！我更坚定了今生一定要去南极的信念。

南极，你真是美好的天堂？

南极，我何时可以拥抱你？我常常冥想。

南极，你就是遥远的恋人！距离，产生更深远的爱情。我日日思念。

# 寻梦

有梦就有冲动。
有梦就会寻觅——

## 寻梦之旅并不潇洒

梦想是美好的。
寻梦却是艰辛的。
一个不应该的大疏忽，从登机候机室——
机场接机大厅："净身出局"，几近绝望！
上演机场惊魂！

梦想是美好的。
寻梦却是艰辛的。

从策划探访南极开始，我做了许多功课，也做了较为充足的思想准备，但还是超出预想——先是体能的极限挑战：包括30多个小时飞机颠簸，40个小时穿越德雷克海峡最强风浪的晕船，游离于大陆之外的近十天的低温寒冷；还有语言不通带来交流上的不便，没有翻译，我俩的英语和西班牙语一窍不通；然而，人算不如天算，寻梦之旅的艰辛困苦一言难尽，说是苦旅一点不为过。

　　有人说，梦是有预兆的，此话一点不假。当我俩兴致勃勃准备乘广九直通车往香港登机在广州东站过海关之时，遭到当头一棒：海关人员拿着我的阿根廷签证又是盘查又是验证又是核实，整整折腾了近一个小时。原来阿根廷国家"太先进"了，签证都是手工书写，那位"操刀者"书写龙飞凤舞，将有效日期两位数重叠在一起，辨认有点难；最后好容易才勉强放我一马，好在另个窗口已过关的同行阿肖也有同样签证，已经"扣留"一个小时了，幸好翌日才登机，要不准给耽搁误机了。

　　出师不利，意味着接下来可能险关重重。

　　果然，上帝之手好好地玩耍了我俩好几回，有因阿根廷国内航班布宜诺斯艾利斯飞乌斯怀亚，行李严格限制而罚美金，有未拍完菲林的相机也给X光扫描，还有差点丢了手提电脑等。

　　说起重重险关，一言难尽，只挑最大最险的两回慢慢道来。

## 第一回　机场惊魂

　　阿根廷首都布宜诺斯艾利斯有国际国内两个机场，国内机场设在市区，相比国际机场便利乘机的同时也有设备简陋语言限制管理混乱的问题。这也就为自己的主观犯错提供了"良好"客观条件。

　　12月19日午，我们就到了国内机场准备乘机飞乌斯怀亚——即火地岛，去南极的必经之路。过了安检之后，我们先拿着机票找到西班牙语显示的航班信息屏幕，凭几个阿拉伯数字核对，明白了登机口位置和航班起飞时间不变。不到20分钟，又听到广播叽里呱啦，我们多个心眼再去航班信息屏幕，发现是我们的航班延时1个多小时起飞。看来，阿根廷与我国"同类项"国内航班相"媲美"——不准点是正常的了。

　　我俩便放下心好好等待了，先轮流上洗手间。很快地，空手而去的阿肖回来后悄悄告诉我登机候机大厅只有西面一个洗手间30多人在排队（天哪），要我往东面下楼梯有个感应门出去，那里的洗手间静悄悄的没人。于是，我也将随身小包交给她空手前往——担心有人抢包；事实上埋下了低级而致命错误的导火线。

　　果然，我很顺利地出了洗手间，正往感应门上去，此时，此门却感应失灵般拒绝开门了，我只好呆呆地愣在那里——莫非此门能出不能进（真的是这样，后来才知道阿肖是尾随工作人员进来的）？

10

看见我呆在那里，旁边窗户有个先生好心招呼我，我比画着要从此门进去，他要我从对面的另个门出去再拐弯可进（误会了；后来才知道他把我当成下飞机要转机的旅客）。当我按指点出去后才目瞪口呆——我发现自己一错再错！竟然到了机场接机大厅！最要命的，还是我"净身出局"，没有护照，没有机票登机牌，甚至没有手机！而死穴就是我无法与人交流！对我这个已到过39个国家和地区的人来说，这是一场从未这样狼狈不堪的麻烦！一次从未如此乌龙的不二经历！

于是，情况恶化了：机场安保人员当然绝不容许我重返；当值长官对我手指的方位要我通过安检再进去；好容易找来一个讲英语的翻译与我对话也无法沟通。好几个人围着我，我着急，他们也无法，僵在那儿了……几近绝望的感觉慢慢逼近我……

怎么办？怎么办？

情急生智，我的脑瓜子飞速思考：首先，我应该抓住那位先生作证让我能先返回那道感应门——解铃还得系铃人呀；第二，我应该图示让他们明白我是上飞机的不是下飞机的。

　　第一步相对好办一些，那位先生他作为证明人那些安保人员是信任的；第二步可就麻烦多了：我向那位先生借了一支笔，先在左手心画个向上箭头表示上飞机，后再写上航班号、原起飞时间、现延期起飞时间，好在阿拉伯数字全球通用，感谢上帝！也因为两次核对航班号及时间让我记忆深刻，感谢记忆力！

　　哦，原来如此！当值长官总算明白了，又有证明人，再用犀利眼光上下扫描了我两遍，幸得穿着较好服饰像个有身份的外国人，终于特批"释放"了！

　　我用两着妙棋作为"护身符"，化险为夷，才"起死回生"哪！尽管是夏天，也吓出一身冷汗！

　　平生，真正惊魂！

## 第二回 "马路天使"

《马路天使》的电影看过，可没想到，我们竟在世界的天涯海角（合恩角）乌斯怀亚市的马路上当了一回"主角"，自导自演了一出小品"马路天使"。

按照原定的5个小时飞行，我们抵达机场的时间是晚上11点，但晚点起飞又加上中途起降延误和领取行李的周折，12点半我们才乘上罕见的出租车——极少顾客需求且司机也只懂西班牙语；幸得我们有备无患事先准备了用西班牙文写好的酒店Albatros的小纸条。

机场到市区很近，再到酒店也不远。在酒店门口司机将我们和行李"扔"到马路边——酒店有两个小门，正想问明哪个门而那司机不理，车一溜烟地跑了。

好了好了，我们自个来，到了"家门口"还怕找不到"家"？！我心想着。

谁料到，现实竟严酷到就偏偏让你到了"家门口"还找不到"家"！

两层楼的小酒店有两个小门，一个紧锁着，一个推门没开灯，二楼有咖啡厅但没有旅店标志和服务台，不对吧！

我们以为司机送错了，阿肖拿着小纸条走到前面百米处有灯光的地方询问，我便在马路上看行李当"天使"。当时已是快凌晨1点，小城马路上很少路灯，且没有人车来往，胆小者非得有点惊恐，我都有点担心治安可不要像布宜诺斯艾利斯。好一会儿，阿肖返回说，好心人指点就是这家没错。我们用手电照亮纸条，与那微弱灯光的酒店店牌Albatros逐个字母对照，正确无误哦。

13

莫不是酒店还有第三个门？要走后门？

　　这回阿肖在马路上看行李当"天使"了。我往后沿着酒店拐进另一小街，往上走了二百多米，一直到酒店后面，才隐隐约约发现一条木板小路通向一个很小的木门——如同家居的门，那里亮着微弱灯光。我大着胆子进去，没人?再转弯才看到服务台，出示护照后服务员点头我才如释重负！

　　兴奋的我一路小跑，两位"马路天使"拉着三个大行李箱，赶紧推着前去。

　　再次进门之时，我看了表：已是当地凌晨1:45了。就是说，我们在马路上苦演"天使"已经长达近1小时了。

　　老天爷，这小品也实在乏味和冗长了吧?！

　　真是：小城奇特多，酒店门也多；日开前面门，夜入后边门。

上帝公平的：让我的寻梦之旅充满艰辛一点也不潇洒，作为补偿吧，给你一个秀丽的海湾小城流连忘返，让我的——

# 寻梦驿站却很美丽

乌斯怀亚：地球最南端的城市——

给人的第一感觉：哦，充满活力的小城！

给人的第二感觉：啊，独特位置的要塞小城！

给人的第三感觉：噢，"世外桃源"的清净小城！

一个小城，却拥有全球几个之最：地球最南端的城市；距南极最近的城市；纬度最高长冬无夏的城市；世界最南端的国家公园——火地岛国家公园；而最重要、最难得的就是——人们到南极巡游或科考，最佳路线和必经之路都是这个小城。

它的名字：乌斯怀亚市，地处火地岛最南端(55° S、68° W)，阿根廷火地岛区的行政中心。

"火地岛"得名于航海家麦哲伦1520年10月发现时，首先看到的是当地土著居民在岛上燃起的堆堆篝火，遂将此岛命名为"火地岛"。而"乌斯怀亚"在印第安语是"观赏落日的海湾"之意。

飞机从阿根廷首都布宜诺斯艾利斯起飞，经过将近5个小时3200千米的飞行，飞抵火地岛上空时，已是当地时间20日凌晨0:10时了，透过舷窗却感觉到天尚未全黑，天际间隐隐约约还有点透亮。飞机在盘旋中缓缓下降，突然间，一抹雪山的荧光、一片闪烁的灯光映入眼帘——

啊！美丽的火地岛夜景！

其实，白天的火地岛更是美丽！

乌斯怀亚城常住居民16000人左右，这里原为南极捕鲸基地及各探险家出发前的补给跳板。当今旅游旺季时，世界各地的豪华游艇和帆船来乌斯怀亚港停泊游玩，游客可达5～6万人，港湾码头停泊着许多大小船只，人来车往，是小城最多人气的地方；市区仅有主要的三五街道，坐落于斜山坡上；高级旅馆，阿根廷著名的烧烤餐厅，各类礼品商品店林立，百货商店商品以御寒衣物等用品居多，还有体现南美风情的装饰、工艺品等；其色彩艳丽形式多样建筑风格基本上属于西班牙式的，就连公共汽车站站台，也是斑驳陆离的玻璃。给人的第一感觉：哦，充满活力的小城！

　　这个地球最南端的城市，1893年正式建市。西南面有一系列的小岛，中间有条水道叫比格尔海峡，是太平洋和大西洋的分界线。乌斯怀亚扼海峡咽喉，东可去马尔维纳斯群岛，西达大洋洲，南到南极洲，其最南点就是闻名世界的合恩角，战略位置极为重要，有"世界的天涯海角"之称。给人的第二感觉：啊，独特位置的要塞小城！

今天的大半天是浏览火地岛自由时间。这港湾小城：三面环山，一面傍水，顺比格尔水道沿岸而建。依山傍水本来就美丽，而山又是郁郁葱葱的山坡和海拔一千多米的雪山，而水又是蔚蓝的海湾最纯净的比格尔海水。在街头随便拍一张照片都可媲美风景明信片。当你倘佯在圣马丁广场上，一边眺望着巍峨洁白的勒马尔歇雪峰，一边依偎着面向比格尔海峡的栏杆，时而欣赏着蓝天白云交相辉映的美丽海湾，时而凝望海鸟自由飞翔或歇息礁石，时而与休闲洒脱的游人友好致意，给人的第三感觉：噢，"世外桃源"的清净小城！

尽管体验感受着这个小城的绮丽与清静，但心里最向往的还是那遥远的南极大陆！到达这里的每个游客都会情不自禁兴奋起来，在这个"世界尽头"的城市，我们仿佛离南极那么近。

我的眼光不由得投向右前方——远远望去，那港湾码头
停泊着几艘大游船，哪艘游船是我们乘坐的破冰船呢？
破冰船哟，恰似我的情人，你在哪儿？我多想快快投入
你的怀抱啊！

梦想成真。

圆梦之旅就此开始——

# 南极故事
## ——旅行日志

## 第一天 12月20日 晴

今天，时间过得真慢，好容易捱到了下午4时，我们终于在圣马丁广场被船务公司的专车送到了码头破冰船旁边。

接着的登船、启航等，每一环节，都那么新鲜刺激！

终于，圆梦之旅开始了！

### 登船——尖峰探险者（Clipper Adventurer）

一看这艘破冰船，禁不住"哇"的一声惊叹！

从船体外形看，尽管没能与自己乘坐芬兰一瑞典的数千人豪华大邮轮相比，但却比想象中的破冰船大多了：船的吨位4364吨，船长超过百米，船宽近20米，约有七八层楼高，在破冰船中，也算是"大哥"了。

上船一看，更是惊叹连连！这艘破冰船全称Clipper Adventurer，中文译名"尖峰探险者"。1975年于巴哈马建造，1998年花费巨资重新装修，配备更加完善齐全，在南极探险船队中可谓是豪华游船。船的外部装有一流的海上巡航卫星定位系统和通讯设施，装有稳定器，即使在严酷的自然环境下，船的航行也不会受到丝毫的影响。船上配备有数艘登陆小艇，在条件不允许大船登陆的地方利用小艇登陆。从甲板走廊到船尾或是上一层都是娱乐休闲区、散步区，都有舒适的休闲椅观赏风景和聊天。

船内的设施与配套非常齐全。载客122人的双人（少数三人）标间，带独立的洗手间，还有两个大衣柜。多间舱房都可以看到海上美景，可个别控制的空调和加热器，室内自控音乐。船上设有餐厅（一路上都能吃到新鲜的水果、蔬菜等食物）、交谊厅、图书馆、礼品店、医询处、洗衣店、健身房。图书馆和交谊厅24小时供应咖啡、茶、奶茶、柠檬水、果汁和饼干。像卧室、餐厅、讲演厅、音乐厅、舞厅一样，交谊厅的服务一流，配备有齐全的设施供大家娱乐，交谊厅出来拐弯处且位于船体中部的是"巡航俱乐部"酒吧。

整艘Clipper Adventurer船跑遍了，让我印象较深的有三点：一是这船不仅属破冰船的超级之舰，更是有着耀眼光环的船史。二是环境优雅藏书丰富的图书馆：有很大很舒适的沙发，很棒的光线，有大窗户——不会因为待在图书馆而错过窗外的美景，在这里还可以上网、玩牌等；船上丰富的藏书，有介绍Clipper Adventurerr曾经探访和即将探索的地方，有南极地质、生物和动物的史料，特别多的是大型彩图册，对于我这个"外盲"，可是大好事哦。三是舱房卫浴空间大，配置脸盆、镜子、淋浴全套的洗浴设施，还有烘干管道干燥衣服。

出门一靠朋友，二靠车船。看来，我们此行是"嫁对郎君"了。

**启航剪影**

巡船一遍再回到我们的301舱房，阿肖看到早早放置在一旁的行李箱，迫不及待就想整理一下。

不！不必着急。赶快先跟我下船，拍拍Clipper Adventurer船的外景！我提醒道。

我们俩一溜烟跑下舷梯，到了码头。

于是，以Clipper Adventurer船作背景，我为阿肖摆出的Pose（姿势）按下快门后，我也留影——也就成了难得的启航剪影！按时尚说法，当时此举"真是太有才了"，后来返航再没有机会了。

晚餐后，船上举办了一个简短的欢迎仪式，船长致辞。

Clipper Adventurer船上除了连船长含专家学者在内工作人员72人外，有游客120人，中国人只有10人(我和阿肖作为内地代表，台湾1人，香港7人)，新加坡1人（华裔），其他来自美国（最多，将近70%）、德国、英国、澳大利亚、加拿大、荷兰、瑞士和日本、韩国等几十个国家与地区，堪称一个小型联合国了；游客中大多数是中年人（约占65%），最大的年纪83岁，最小的才9岁，年龄的落差之大，也可算是"四世同船"了。

## 南航路线

先看右图的南极半岛巡游行程，再看Clipper Adventurer船的航行路线。

航行路线：

乌斯怀亚港口(Ushuaia Harbor)–智利比哥水道(Beager Channel)–德雷克海峡(Drake Passage)–奇幻岛(Deception Island)–麦克森港(Mikkelsen Harbor)–西尔瓦小海湾(Cierva Cove)–雷麦瑞海峡(Lemaire Channel)–彼得曼岛(Petermann Island)–割礼节港(Port Circumcision)–加林德斯岛(Galindez)；佛纳德斯基研究站(Vernadsky Station)–纳克港(Neko Harbor)–丹可岛(Danco Island)–艾瑞拉海峡(Errera Channel)–艾卓岛(Aitcho Island)–德雷克海峡(Drake Passage)–智利比哥水道((Beager Channel)–乌斯怀亚港口(Ushuaia Harbor)。

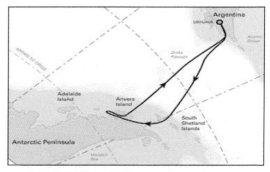

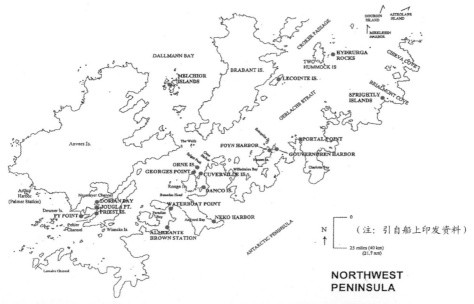

（注：引自船上印发资料）

NORTHWEST PENINSULA

第二天 12月21日　　晴

　　昨晚一夜安稳安眠。

　　打听一下，原来我们的Clipper Adventurer船已缓缓航经美丽壮观且平稳的智利比哥水道，将驶往德雷克海峡了。

**平缓航行德雷克海峡**

　　一提到德雷克海峡，心里不禁打个冷颤：这个于1577年以英国航海家弗朗西斯·德雷克发现和命名的德雷克海峡，被人称为"杀人的西风带"、"暴风走廊"、"魔鬼海峡"（光听这些凶险的字眼就可想而知），是一条名副其实的"死亡走廊"，它也是我们南极航行的最大险关！德雷克海峡不仅是世界上最宽的海峡——970千米，最深的海峡——5248米，更是以其狂涛巨浪闻名于世——由于太平洋、大西洋在这里交汇，加之处于南半球高纬地带，因此，风暴成为德雷克海峡的主宰。海峡内似乎聚集了太平洋和大西洋的所有飓风狂浪，一年365天，风力都在八级以上。这个终年狂风怒号的海峡，历史上曾让无数船只在此倾覆海底。即便是万吨巨轮，在波涛汹涌的海面也震颤得似一片树叶，而我们这艘才4364吨的船，还不是宛如一根小草，随时……

不寒而栗！我想都不敢想下去了。

可是，当看到满船近200名旅客和船员那镇定自若的神情，我不由得也镇定许多。是啊，南极旅游本身就是冒险者的行动；再说，为了亲临这片世界上最后净土，遇险与磨难又有何所惧呢！

可口的早餐吃完，已是将近9时了。感觉船体有些许轻微的颠簸，便走到半密封的甲板上浏览海面，只见一片大海茫茫。一会儿，我感觉有点冷——船舱内部全有暖气，与甲板上的零下几度温度相差20多度，于是折回舱房穿上保暖大衣。到船尾的露台再看德雷克海峡的模样。

一望无边的大海，竟是另一种海天一色：天是灰灰的，海亦是灰灰的。船尾由船体在大海中碾出一排齐整的白色浪花，两旁和远处只有轻微的风泛起细细的浪，仅仅应了那句名言——无风三尺浪而已！什么狂风怒号什么飓风狂浪，通通见鬼去吧！

"Good morning!"一位从底舱出来的船工微笑与我打个招呼，然后叽里咕噜说了一通——他可能以为我是懂英文的香港或台湾人，通常也是此两地旅客为多。正为难之际，早餐认识的香港阿莲恰巧路过给我解围。原来，船工告诉我，今天的德雷克海峡特别地风平浪静，简直可说是无浪的了，是他多年来往所罕见的，真奇怪的。

他们走后，我倚在栏杆上，两手托住腮帮，深情地凝望着这片辽阔的大海，许久许久……心里默默地说：德雷克海峡，我最爱大海，我也最爱您！因为您的偏爱，因为您的柔情，因为您的眷顾！

## "海洋大学"

今天上下午各有一个讲座，分别是"南极的形成及演变"、"南极探险"。

从安排来看，自己上了Clipper Adventurer船，就等于上了"海洋大学"。原来，南极半岛和南极大陆、德雷克海峡海洋生物资源丰富，船上特聘专家学者们分别举办讲座。主要有讲南极的岩层构成，南极气象特点，企鹅、鲸鱼、海狮、海鸟生活史等等。他们就是最好的老师，向我们这些"学生"——"国际生"介绍南极的生态环境，包括各种生长在南极奇特的鸟类，海洋生物及极冷下的生命现象等等。

南极，是世界上最为寒冷的地区，其平均气温比北极要低20℃。南极大陆的年平均气温为零下25℃。南极沿海地区的年平均温度为零下17℃~零下20℃左右；而内陆地区年平均温度则为零下40℃~零下50℃；东南极高原地区最为寒冷，年平均气温低达零下57℃。

南极为什么寒冷？

南极之酷冷，两大因素导致：

一是南极所处的高纬度地理位置。由于高纬度地理位置，导致了在一年中漫长的极夜期间没有太阳光。同时，与太阳光线直射角有关，纬度越高，阳光的入射越小，单位面积所吸收的太阳热能越少。南极位于地球上纬度最高的地区，阳光只能斜射到地表，而斜射的阳光热量最低。

二是南极地表95%被白色的冰雪覆盖。冰雪对日照的反射率为80%~84%，只剩下不足20%到达地面，而这可怜的一点点热量又大部分被反射回太空。南极的高海拔和相对稀薄的空气又使得热量不容易保存，所以南极异常寒冷。

　　课堂设在交谊厅。每一课时30~40分钟，除了老师的演讲，有演示屏幕辅助，亦有"师生互动"——提问与回答，课堂气氛很好。

　　按理说，老师都是用标准英语授课，我这个"外盲学生"是理所当然"逃课"的了。但不，我还是尽量到课，借助屏幕演示，倒也可明白个三四分，再加上自己出发前的"备课"，就是恶补有关南极地理、气象、动物和探险等基本知识，并做好部分笔记，因此基本上可明白个大概吧。

## 比翼双飞

"在天愿作比翼鸟，在地愿为连理枝"。人们比喻美好爱情，通常这样说。连理枝见多不怪，比翼鸟极为罕见。

"树上的鸟儿成双对……"《天仙配》董永与七仙女的吟唱，人们都耳熟能详。生活中多见林中鸟儿双栖，而少见空中鸟儿双飞。

在德雷克海峡平缓航行十多小时后，大约是在中午时分，我却见证了比翼双飞的鸟儿！

在Clipper Adventurer船尾的观景台，凭栏眺望，那破冰船在海面"犁"出来的纵行浪花上，有许多海鸟在盘旋——大如老鹰小似鸽子，白的黑的花的还有褐色的。南极海域的海鸟实在太多了（资料表明：南极地区海洋飞鸟的种类稀少，但数量却相当可观，约6500万只，占世界海鸟总数的18%，因此，南极地区堪称为飞鸟天地），船上发的资料也介绍说，有雪白的南极燕鸥、大海燕、海鸥、灰背海燕、信天翁、贼鸥和其他一些只有南极才有的稀有鸟类，多到我无法分辨那些鸟儿的"芳名"或是对号入座，其他更是一无所知了。

这些不知"芳名"的海鸟，是我们南极之行遇到的第一群"朋友"，它们的逐浪飞翔为我们德雷克海峡平缓且单调的航海，增添了乐趣，更为摄影增添了影像主角——"飞模"（飞翔的鸟儿模特）。

午餐后半个多小时，大多数船友都返船舱，只有三两个摄影发烧友手执相机，还在噼噼啪啪拍鸟儿。我们在追拍一种黑色的双翅与身子雕满了白色花纹的海鸟，这种好似纹身的鸟儿真是好看得很，我给它取名"花蝴蝶"。我也拍下它的"倩影"。看，好漂亮吧?

有诗曰：海阔凭鱼跃，天高任鸟飞。真是这样，海鸟在逐浪中，飞翔姿态万千。其中有好些全身灰褐色的海鸟，后来才得知它们的"芳名"叫灰背海燕，其舞姿美妙——除了有"蜻蜓点水"，有展翅造型，特别擅长编组飞行、滑翔飞行，恰如航展上的竞技飞行表演。

我的目光被它们精彩表演吸引了，赶紧用连拍功能一阵又一阵狂拍了数十张。按自己当时想法，只是拍一个编组飞行的就好，因此"宁可错杀三千，不可放过一个"。

功夫不负有心人！广种薄收也不错！数十张的数码照片中，终于有一张既是编组飞行又是比翼双飞的照片：

你看，这四只海鸟两纵两横成编组飞行。

特别让人惊叹的是后边两只海鸟，它俩的翅膀紧紧地相互贴着，比翼双飞这一常说的成语在现实中难得一见，如今却完美地演绎着。

啊，这不就是比翼鸟么？！

此时一见，此生无憾也！

当然，感谢这可爱的灰背海燕！感谢南极广袤天空！

此刻，看着相机显示屏的比翼双飞珍贵照片，不禁联想到：动物如此恩爱，人类有何感想？

我心里默默地说，祝福天下有情人都作比翼鸟！

## 深夜日落

第一个整天的白天，Clipper Adventurer船在平缓的海浪中前行，好像是有点平淡无奇的感觉了。

晚餐21:30时开始，与来自香港、台湾和新加坡的4位华人一起进餐，又很有雅兴在一起聊天，不知不觉间两个多小时过去了。分手之际，偶尔透过船舷窗，突然发现一道亮丽的耀眼红光——哦，晚霞！

在高纬度的德雷克海峡，太阳竟如此"眷顾"我们这些远方来客，深夜了还不舍离去？

南极大陆是世界上发现最晚的大陆，孤独地位于地球的最南端。由于其特殊的地理位置，在南极可以观赏到众多罕见的自然现象。极昼是极圈内特有的自然现象，在极昼期内，太阳24小时悬于地平线之上，毫不吝啬地释放出耀眼的光芒。当然，"大饱眼福"的时间是在南极的盛夏——1月下旬至2月上旬。我此次南极之旅与以往的北极行有着同样的遗憾，那就是无法欣赏两极的极昼。但是，上帝深知我的遗憾要给我补偿，同样壮观的"准极昼"日落自然美观带给了我。

　　当然，德雷克海峡的半夜夕阳特别美丽壮观！

　　当然，定格特别美丽壮观的夕阳令人陶醉不已！

### 第三天　12月22日　　大雾

今晨起来，第一件事，就是拉开遮光窗帘，一眼望出去，吃了一惊：咦，怎么白茫茫，什么海啊天啊都看不见？莫非是大雾天？然而不是大山区何来大雾笼罩？

我赶紧披上保暖大衣，走出甲板，转了大半圈，满眼所见都是白雾茫茫的，但却逐渐嗅出有一股清新空气味道。早餐时分，通过咪咪咨询气象学家，方才释疑。原来，这是南极特殊景观——接近南极辐合地带附近时，冷热水在此交汇，形成一片水雾，空气中则弥漫着南极特有的清冷气味。

哦哦，将近南极了？！好像8000米长跑最后一圈响起的令枪一样，我的精神为之一振，望眼欲穿的南极近在咫尺了！

昨晚送来的今日行程上写明1993年有个叫Karoline Mikkelson的人成为第一位到达南极洲的女性。我感觉有意思，很自豪。十七年前南极才有女性踪迹，现在的Clipper Adventurer船女性多达四五十人，自己也是一员；十年前广州有个女青年，只身一人，乘多桅帆船，参加船上的一切劳作，前往南极探险，艰辛可想而知（"凤凰卫视"的专访节目）。自己今日乘坐豪华破冰船前往南极，算是潇洒，多难得啊！

## 南极景象初露峥嵘

自下午3时起，老在甲板上溜达的我，惊喜地发现白雾已渐渐隐去，而远处的海平面时而隐隐约约可见几座矮矮的平缓的雪山。接着不久，海面上可见偶尔漂过的小块浮冰。南极景象，已是越来越明显的了。傍晚时分，Clipper Adventurer船已经驶过南纬60度，正式进入地理意义上的南极海域了。

精神早已进入亢奋状态的我，自傍晚起，干脆就伴着相机与脚架一直呆在船尾观景台。

真是苍天不负有心人！当Clipper Adventurer船减速进入一个海湾后，周边的景观很是奇特：一面是个形状酷似马蹄的火山岛屿（后来才知正是当晚登陆的奇幻岛），三面则是黑白相间的山峰，更确切地说，非雪山更非普通意义的山，看上去更像长卷的巨幅黑白版画。近处一看，才看清其"庐山真面目"——那黑乎乎的山应是火山爆发时堆积而成的，而白色的是尚未消融的冰雪，这黑白版画便是白雪在墨黑的山脉上挥洒的杰作。

面对这长卷般的巨幅黑白版画，我感到震撼了，便用相机拍下几幅照片作为黑白版画的记录，这可说是初露峥嵘的南极一奇景，后来都没有再看到这种景象，成了绝版。

**特别生日特别快乐**

在Clipper Adventurer船上特别是航行在南极海域，迎来了自己的生日，这是多么奇特的啊！

其实，奇特已在上船之时就令我惊喜一回！原来，我们订的船票是一等舱次等的，因为我的生日——升级至一等舱优等的，其差价大概近两万元人民币，船务公司作为贺礼。有意思的是，许多老外对301竟住着两个黑头发女人还有点吃惊哩，说来好笑，我们因等级提升也多出了小费。

晚餐，与一对来自印度的双胞胎兄妹分享Clipper Adventurer船给我们准备的生日礼物和庆典仪式，并与同生日的印度双胞胎兄妹合影，宛如中印一家。

——多才多艺的餐厅服务员5男1女组成小乐队边弹边唱，为我送上一首《生日歌》，声情并茂，热情洋溢；

——奉送餐厅自制的生日蛋糕，厚厚芝士代表着浓浓情意；

——许个自己最美好的愿望现已如愿以偿：那就是将到美国读硕士学位的儿子能够被心仪的大学录取。

——纪念留影：全船的华裔团友一起，11个笑靥好似11朵灿烂的花。

**登岸演练**

　　晚上9时通知，临时增加一个重要"节目"—— 9:30时上岸作演练，将我们全船120人分成4个小组，并以四种企鹅作代号（巴布亚企鹅Gentoo，帽带企鹅Chinstrap，帝企鹅King，阿德利企鹅Adélie），分四批先后乘橡皮艇离船前往奇幻岛。

　　我俩分在最美丽企鹅帝企鹅King组，第三批登陆。

　　"太好了！太好了！"

　　多么兴奋啊！我与阿肖情不自禁地相拥跳了起来！

　　总体感觉，真是奇妙极了——N个第一次：

　　——第一次超级检查：登船前每个人必须将上岛穿的衣服及背包（包括相机包、脚架袋）等当面严格检查：先是吹尘，接着消毒两关。所有人已换上邮轮统一消过毒的靴子，防止把细菌从一处登陆地带往下一个登陆地。进出船舱的时候，乘客需先站进一盘消毒药水中洗鞋子，是为避免污染南极陆地。

　　——第一次"全副武装上阵"：防风雪保暖大衣、防雪墨镜、防水裤、防水靴、救生衣、手套等等。

44

——第一次登上南极大陆：确切地说是南极半岛的一个小岛奇幻岛。这个奇幻岛是个火山岛屿，最近一次火山爆发在1969年，当时迫使英国及智利科研站关闭，仍留部分遗迹。从橡皮艇跨出，右脚刚刚踏在岸上那黑褐色沙砾土地，刹那间好似登上月球般，犹如美国宇航员阿姆斯特朗从阿波罗11号宇宙飞船步下月球表面那一刻："个人的一小步，是人类的一大步"，而我的感觉，自己此时一小步却是人生的一大步。

——第一次受到"南极主人"的欢迎：走了近百米远，朦胧中才发觉有三个灰灰的小家伙在盯着我们。哦，就是"南极主人"企鹅，它们的脸颌处有一条黑线连接，恰似一顶帽子的带子，怪不得称为"帽带企鹅"。它们向我们这些来自远方的不速之客先是行注目礼，后便是张开小小翅膀，向我们摆了又摆，好似在说：欢迎欢迎！热烈欢迎！

——第一次亲眼看见冰雪消融的景观。也许是火山岛黑乎乎的沙砾土地，更容易凸显冰雪消融时的特别景观：有的整块冰雪在嘀嘀嗒嗒滴着雪水，有的一面冰山融化的雪水已经将地面冲刷成大大小小的沟壑，慢慢地流向大海。我心里有点沉甸甸的，南极冰雪过度过快地消融，总不是好事，这是全球气候变暖的征兆啊！

### 鲸鱼无奈小人何

今日傍晚，第一次登上奇幻岛，莫名的兴奋过后，我也是第一次见到捕鲸留下的触目现状——原来此岛在1930年时还是捕鲸基地。此刻看去，满眼都是当时捕鲸工厂设备和捕鲸船的残骸——透过它们，你仿佛看到鲸鱼在挣扎、被宰割，那血流成河的血腥场景……

船上发的资料显示：人类对鲸鱼的捕杀已有悠久的历史。鲸鱼由于经济价值很大，自古以来就是人类捕杀的对象，但过去由于捕猎的手段落后，猎取量较小，尚不足以影响鲸的数量。到了近代，人们改用舰船和火炮猎捕鲸鱼，杀伤力大大增强，加之大规模毁灭性捕杀，使得鲸的数量锐减，很多种类濒临灭绝。如在20世纪，有近36万头蓝鲸被杀戮，目前仅存活不到50头。

由于人类的捕杀和环境的污染，加上鲸的繁殖能力很差，平均两年才生下一头幼鲸，如今在地球上生活了五千多万年的鲸，已成濒危动物。

而更让我们无奈的是，国际捕鲸委员会1986年通过《全球禁止捕鲸公约》，禁止商业捕鲸，但允许捕鲸用于科学研究。所以日本、挪威和冰岛等少数国家仍支持捕鲸行为。特别是日本，每年在南极海域鲸类保护区以科研名义猎捕鲸数以百头计。就在2010年12月，日本捕鲸船队包括4艘捕鲸船和180名船员，趁南半球夏季在南极海域捕杀数百头鲸。

鲸鱼是巨兽，最大的哺乳动物，但却无奈那些猎杀它们的小人。

当看到捕鲸船的残骸，特别是那遗留在沙砾上的累累白骨，我好像看到鲸鱼那头上喷水孔的喷泉犹如它们的血泪。

善良的人们啊，拯救我们吧！

## "红牌"警示

"罚单"：红牌，也称"牛肉干"，向来是不少驾车者会收到的"礼物"，而8年驾龄的我却是个例外。

没想到，在Clipper Adventurer船上，我却"很荣幸"地收到这一"礼物"。说起来，真有点令人啼笑皆非！

今晚的上岸演练有一道工序：在上下船舱的墙上挂着一个钉着密密匝匝小纸牌的白板，每个房号下挂着一面红一面绿一长一短两个小纸牌，要求每人上下船必须亲自翻牌，离船为红牌，返船则为绿牌。这一点作为重要事项已多次强调，领队还专门让咪咪当翻译给我们俩补课哩。

世间有些事情就是这样，越是重要的、越是强调的往往越是出错！

我与阿肖对登岸演练非常期待和十分重视，互相检查各自装备，还专门道声：往返可要记得翻牌啊！

我俩是同乘一艘橡皮艇离船上岸的，没料到返程却错开了。这一错开可就铸成大错哦。

我回到301房，发现阿肖已先回来正在冲洗。因为急于要将登岸演练的奇特感觉作为航行日记写下来，我便拿着手提电脑到交易厅坐下了。约莫过了二十分

钟左右，船上扩音器在反复播放一段话，我听到旁边也许是华裔的人嘀咕：咦，有人回船忘记翻牌呢。我心想，自己亲自将两个牌都翻过来了，庆幸好记性。

不一会儿，只见阿肖匆匆跑过来，急切地对我说："哎呀，咪咪来说，广播在点名我们301房，批评我们回船没翻牌至今仍是红牌哩！"我一听，赶紧解释道，谁说没翻牌？我还悄悄地告诉她，我同时将我俩的牌翻过来哩。阿肖听我这一说更是着急，连说："这就惨了，我已经先翻成绿牌了，你又再一翻岂不变成红牌啦？"边说边拉我往下舱挂牌处奔去。

一看那密密匝匝小纸牌几乎都是清一色的绿牌，惟有301号是红牌，真是万绿丛中一点红，我傻眼了——

我犯了个不该犯的低级错误！吃了个红牌，活该！

"南极是一块无情之地，一个按人类文明衡量为'简单'的问题，在那儿如处理不当，就会生死攸关。"澳大利亚南极考察队在自制的《急救手册》前言中这样写道。真是这样的，每个牌子就是每个游客的生死证明——在南极什么都不能丢，更何况大活人哩。假如在南极"丢人"，那还有生还的可能吗？！

我深深地自责并警示：南极之旅，要更小心！要更谨慎！

关键词： 企鹅风范\融冰之虑\"模范丈夫"\家园何处\
珍珠落玉盘\极昼感觉

## 第四天　12月23日　雨雪

　　按今天的行程安排，我们上下午分别从麦克森港港口和西尔瓦小海湾上岛。一早就发现下着雨雪（南极的气象奇观，时而雨水时而飘雪），天气糟糕透了，心情也好不起来……

　　但是，恶劣天气还是让我见证了作为"南极主人"企鹅的真正风范；而下午的云开日出和孤独企鹅的缘分，却让我拍下一幅"绝美剪影"而欣喜万分。

　　南极天堂，真是让人悲喜交加，情绪大落大起！

**冰雪傲立的企鹅**

　　上午8:30时，我们在麦克森港港口上岸了。港口位于Trinity岛南岸，1901~1904年由Nordenskjöld率领的瑞典–南极考察之旅发现的。这个港口被捕鲸人用来停泊捕鲸船，而它的命名是为了纪念挪威捕鲸人Klarius Mikkelsen船长。在岛上第一眼发现一个无人居住的小屋，还有一个无线电杆。其实，那是南极常见的避难所：南极半岛或南极大陆凡能登岸的地方都建有避难所，里边备有食品药品和水、小型发电机等生存必需品，以防突发的雪崩、大风雪等灾难。避难所的门从不上锁，欢迎任何国家所有"南极人"进去食宿，一律免费，走时留个感谢字条就足够了。

　　在离小屋不远的靠海处，有个巴布亚企鹅聚居区。

我首次与大约有一百多只的一大群"南极土著居民"面对面，犹同置身于野生动物园；而且，这些巴布亚企鹅对我们这些"入侵者"不仅没有一点敌意，反而默认一般——它们依然干着自己的事儿，没有丝毫变化似的。

　　我们好些人就站立在此，几个摄影发烧友干脆就支起脚架固定长焦镜头，惊喜地好奇地欣赏着拍摄着南极"最可爱的人"。

　　上岸时下着雨，此时却下雪，这些可爱的企鹅有三分之二的在孵着蛋，其他站立守护在旁边，好像忠诚卫士一般。而这雪也是的，越下越大了。大雪纷飞下，大部分企鹅都眯着眼睛，缩着脖子，大有点"任凭风吹雪打，我自岿然不动"的英雄气概！

　　领略了企鹅傲立冰雪的风骨，我不禁为它的风范而深深触动……

### 融冰之虑

橡皮艇驶离Trinity岛后，来到近处海湾。

透过纷飞的雪花，眼前的一幕很是壮观：只见方圆几千米的整个海湾全是覆盖着大大小小的浮冰，大的约莫脸盆，小的如同盘碗般，怪不得有个很恰切很好听的名字"浮冰广场"。

我们的橡皮艇在浮冰广场上逶迤穿行，越往里走，浮冰就越来越多，越来越厚，眼前尽是白花花的一片，橡皮艇与浮冰碰撞产生"碴碴"的摩擦声。这声音有点点刺耳，看着这些数以亿万计晃动的浮冰，回想刚才巴布亚企鹅雨雪交加的情景，联想启程前翻阅的大量有关南极资料，我心里更是有刺痛的感觉。

据香港《明报》报道，全球暖化令南极气候变异，南极半岛气温在过去50年升了3℃至平均零下14.7℃，下雨已比下雪愈来愈普遍，且暴雨骤增，已严重威胁企鹅繁殖。纽约的南极探险家乔·鲍文马斯特（Jon Bowermaster）说："每个人都说南极冰川正融化，但日复一日的大雨才是这里的全新现象。企鹅们脚下都是下一代的尸骸，这是我所见过气候变化最令人震撼以及最直接的证据。"

　　乔·鲍文马斯特还说，过去五年，南极暴雨增多，他们看到小阿德利企鹅在持续六天下雨期间，不停颤抖。若是下雪，它们的绒毛能完全抵御，但大雨却不能，这就好像你穿着毛绒外套，全身湿透。到了晚上气温下降，至翌日早上，他们就看到小企鹅遭冻死。其他海洋生物如海豹，它们生来就长有皮毛可作保护，但初生企鹅则没有。

事实上，身上只有薄薄绒毛的初生阿德利企鹅，当大雨来袭时，企鹅父母一般会保护孩子免被淋湿，但当企鹅父母出外觅食或被杀死，小企鹅欠缺父母保护，就会被淋至全身湿透，最后死于低温症。有资料显示，仅2008年就有万只小企鹅被冻死。科学家认为，若暴雨气候持续，阿德利企鹅数目可能大减八成，甚至在十年内绝种。

　　科学家的预言，并不是危言耸听。现实是严酷的，预言变成现实并不遥远。

　　融冰之虑，心被揪紧紧。

　　融冰之虑，近忧且远虑！

## "模范丈夫"

在Trinity岛欣赏了企鹅傲立与温情的两面，而从西尔瓦小海湾上岸则领略到企鹅更有趣更多情的一面。

晌午时分，雨雪停了，天放晴了。这里的巴布亚企鹅开始渐渐活跃起来：抱窝的在摇头晃脑的，站立的摆动着翅膀，还有几只看样子是站岗放哨企鹅，望到天敌贼鸥从空中飞过，便伸长脖子"嗯–嗯–嗯"大声高叫。

我将相机搁置一旁，与阿肖站在距它们五米开外地方，长时间地观摩起这群企鹅的特别举动：它们中的好几个走来走去，嘴巴上叼着小石头，走到窝旁放下，又走去另外地方再叼。

很快地，吸引我目光的是，右侧方有只企鹅中等个头，特别勤快。只见它好像上足了发条似的，没停没歇地到处叼石头，有时还一溜小跑呢，别的一趟它已经两趟了——好一个"模范丈夫"！

勤快吸引眼球，笨拙引发笑声。哈，哈哈，我俩忍不住发笑，看到这只企鹅那么勤快那么辛劳叼来的小石头，只要它一转身离窝，旁边另一只虎视眈眈的企鹅就偷走，不劳而获，七八个回合都这样——真是"杨白劳"了。据此，有科学人员作过实验，用红蓝白三色小石头，按颜色分别在三只企鹅前堆放，几个小时后发现变成混色的了——这说明企鹅天生有偷石头的"怪习性"。

真笨！你也去偷回来嘛！何必费事又走那么远去找去叼。好一个"小笨蛋"！阿肖点着笑着说着。

"小笨蛋"可不管好心人指点，继续执迷不悟还在干"杨白劳"的傻事哩。

看着看着，我俩又发现"小笨蛋"干着更傻更笨的事。"小笨蛋"叼来的小石头，老是悄悄地放在孵着蛋的"妻子"屁股后边，然后又悄悄地走，"妻子"当然看不见了。而旁边的那窝可好，当"丈夫"的每次叼回的小石头，大部分当着"妻子"的面放前面或左右侧，那"妻子"特高兴地"咕咕"回报笑声。

　　看来，"模范丈夫"傻气十足！在外干好事可以低调些，在内可不同，"夫妻"之间需要给爱情添加"催化剂"，那就要互相"知照"共同努力啊。阿肖自言自语道。

我可不这样看。

纯真执著，人如动物。世风日下，人性残忍，爱情变味，并不鲜见。"模范丈夫"的纯真与执著，尤为可贵——只是凭自己的良心良知去做，只是按自己的责任义务去做，不要仿效，不必从众，你虽然傻气得很，但可爱得很！你是永远问心无愧的！

返船时刻到了，我对这"模范丈夫"心存依恋，有点难舍难分……

西尔瓦小海湾的"模范丈夫"，定格"倩影"难忘你喔！

**何处是家园?**

面对西尔瓦小海湾如同天堂般的美景,我深深陶醉了……

架起三角架,用哈苏XPAN II型拍下几张宽幅美景,总是感觉美中不足——缺少"南极主人"这一重要角色的陪衬。凡拍摄者都明白,一幅再好的照片、一幅再美的风景缺少活体如人或动物,肯定逊色很多;如有则往往是点睛之笔。

右侧的另个海湾处,有一小群企鹅蜗居在海岸边的岩石上。同船的大部分人正围着它们转,我可不想去凑热闹。

我用4只眼睛(谁让我带着眼镜哩)四处张望,心底轻声地呼唤着:可爱的企鹅啊,你们来我这儿吧,当当照片的配角哦。

也许是心诚则灵，也许是心灵感应，突然远远地有个小黑点向我这边移动着。一会儿，定睛一看，那正是一只企鹅：只见它一摇一摆地前行着，步履匆匆——其实最像人类走路形态的非企鹅莫属，憨态可掬，十分好看。在这片开阔地特别显得形单影只，好像是迷路的羔羊，又好似在苦苦寻觅离散配偶。

时机难得！我将镜头对准了它按下快门！

当时的感觉是不错。因为有一只企鹅的加盟，肯定为这幅天堂般的美景"锦上添花"了。回到船上与香港摄友阿康交流，还说，如果有丝遗憾的话，就是有两只企鹅成一对就更好。

然而，返国后菲林冲印出来，只第一眼，我却被此幅照片深深地震撼了！

你看：

极地艳阳下白云缭绕，蔚蓝色的天蔚蓝色的海相衬映，远处的冰山与近处的冰块相呼应——南极天堂景色美轮美奂！但是，你却不会沉湎于美景的，因一只孤独的企鹅吸引了你的目光——它急匆匆行走在一小块冰原上，面前几乎全是冰雪融化而裸露的岩石……

它在赶路：属于它的白雪皑皑的世界越来越远了。

它在寻觅：四大企鹅家族的乐园乐土越来越小了。

于是，它在呐喊：苍天啊，何处是我家园？

真是一幅主角为企鹅的环保主题照片，命名《家园何处》。

## 南极冰：大珠小珠落玉盘

　　南极的浮冰，神秘、圣洁，让我陶醉不已；

　　南极的浮冰，如珠、似玉，让我异常惊叹！

　　你看，这大块小块浮冰，犹如大珠小珠落玉盘。

　　你看，那冰晶、冰石，分明就是王母娘娘撒落的亮晶晶的珍珠！

　　你再看，有漂浮的鱼骨，有游动的躺椅，还有一只天鹅在戏水哩！

　　南极冰——天堂画册中最美的一页！

　　怪不得，有人说，南极归来不看冰！

　　对！这也是我最想说的一句话。

**极昼感觉**

极昼极夜都是极圈内特有的自然现象。感受极昼，却是触手可及。

没有到过南极洲的人，不知道什么是真正的极昼。北极的极夜近乎"暗无天日"，同样的时段当然南北极正好相反，南极几近"昼夜同辉"，这相反也恰好为自己提供了截然相反的感受。

这两夜，将近午夜时分，舷窗外依然透亮，不拉上很厚的遮光窗帘舱房不会暗下来。每年从11月15日开始，南极就进入了极昼时期，天一直黑不下来。即便是半夜光线最弱的时候，看上去也就相当于"阴天"。

今晚夜很深了，我从图书馆出来，在甲板上溜达。

南极的海域静谧极了，加上邮轮停泊，没有一丝一毫的声响。一眼望去，天色阴阴的却又亮亮的，朦朦胧胧的，这种阴天般的极昼，给人的感觉就是"夜朦胧"，也就是一种朦胧美了——

此时此刻，我会情不自禁地浮想联翩⋯⋯

此情此景，我竟不由自主地低吟心曲：

淡黑的灰沉浸在幽静的夜\没有鸟儿鸣叫没有星星闪烁

溶了淡淡的忧愁\逝了一切都是云烟

朦胧的美装扮着幽静的夜\没有花儿飘香没有一弦弯月

化了人间的伤痛\夜空依然绚丽而遥远

正如挪威极地探险家Fridjof Nansen的描述："没有什么比极昼更美妙的了。它是一种梦幻般的景象。它是一首轻柔的诗，承载了所有最优美精致音调的灵魂。"我真正觉得，他的感觉就是自己的感觉。

南极的极昼，一首幽美的朦胧诗。

## 第五天　　12月24日　　晴

今天的内容太丰富了！今天的活动太精彩了！今天的一切太难忘了！

三个"太"字不算多，三个感叹也不够，因为感受太多太深！因为感觉太妙太好！

你看看，有最美的海峡，有壮观的冰雕，有可爱的企鹅；又见闻科考站，又会晤海豹母子；还有"联合国"中欢度祥和平安夜。

**最美海峡**

　　见证过闻名中国乃至世界最美峡湾如"挪威海峡"、"长江三峡"，然而，今天在此有幸见证——雷麦瑞海峡，就感觉前者逊色了，雷麦瑞海峡美得更震撼！不仅是"南极洲最美的海峡"，亦可称为世界最美海峡！

　　雷麦瑞海峡长11千米宽1.6千米，北起雷纳岬，南至克鲁斯岬，把Booth岛从南极大陆分离开。它于1873年由德国探索队发现，第一次穿过该海峡的则是1898年的Gerlache，并以他的同胞、发现刚果的比利时探险家Charles Lemaire来命名。海峡最窄处不到800米，周边耸立着海拔超过300米的山峰，冰山林立及四处海冰往往导致航行困难，我们的Clipper Adventurer破冰船就与一座冰山擦肩而过，好险啊！但是，当那些独特奇异光怪陆离的俏丽冰峰，在你眼前掠过，已经令你叹为观止！难怪，南极半岛上这个风景最优美的雷麦瑞海峡，又被戏称为"柯达海峡"、"富士漏斗"、"爱克发小道"——意思是指海峡风景太美谋杀了摄影者的不少菲林。

　　果不其然，我也成了"杀手"。

　　中午时分，仅仅40分钟，一鼓作气拍了29张宽幅菲林照片，创造了自己7年摄影史上的"谋杀菲林"最快纪录。

　　因为太美了：从来所见雪山在高原，而今在海洋；

　　因为太好了：以往仰视的雪山高高在上，如今与你迎面走来；

　　因为太妙了：雪山是主角，那飘浮在空荡海平面的浮冰成最佳配角。

　　真是：冰块冰山共舞，相映交辉佳作。

**真想抱你——企鹅幼子**

今日上午9:30时，我们登上了彼得曼岛。

在一片低洼处，分别与"老朋友"巴布亚企鹅——好些孵蛋的母企鹅与守望在一旁的公企鹅、还有一只懒洋洋的海豹见面后，就踩着浅雪和裸岩往右侧高处的海岸礁石走去——那儿有一大片企鹅。

大多数船友都在这海岸礁石高处，静静地围观着，或是相互拉拉手：原来是好些正在孵蛋的阿德利企鹅——新朋友：黑头白眼圈为其特色；1840年1月19日法国探险家D·迪尔维尔以夫人的名字命名他发现的岛屿为阿德利地，后人便以这名字命名该岛上企鹅为阿德利企鹅。那些企鹅窝里，有的露出一只、两只甚至三只毛茸茸的小企鹅，只见这些小小的黑嘴巴黑脑袋在晃来晃去；灰色绒毛的上半身也扭来扭去，好些闹着要出窝要走动。而企鹅父母则不时地用嘴巴吻吻它们的小嘴，或是啄啄它们的绒毛，边爱抚边警告：小宝贝哦，听话！外面太冷，不要出去呀！

第一次看着眼前的一幕幕，第一次看着那非常可爱的企鹅仔，我惊喜万分激动不已！眼睛不由得湿润了——

　　每年来南极的最佳时间只有12月、1月、2月三个月，也就是说在南半球夏季的时分；而每个月的船票价格是不同的，最贵的是1月和2月，价高大约要多出近万元人民币，——原因就是可见企鹅仔，12月当然只能看企鹅蛋了。所以，自己此行没有可见企鹅仔的丝毫"贪念"，也许是上帝的偏爱，我竟然看到了原本看不到的东西，这不比买彩票中大奖更惊喜么？！

　　幸运的人总是幸运。我不仅看到通常看不到的企鹅仔，并且还看到了企鹅仔取食那难得一见的一幕：

　　——小家伙先是探出小脑瓜晃了晃，母亲知道要喂食了，便警觉地伸长脖子了望四周；

　　——见母亲刚刚弯下的嘴巴一张开，小家伙就迫不及待地将小嘴伸了进去；

　　——哈哈，小嘴巴被大嘴巴套住了；

——小家伙吸吮得正起劲，母亲却好像发现什么似的突然将嘴巴抽开，一条长长黏液带连结着大小嘴；

——妈妈，我还要啊！小家伙好像撒娇着；

——母亲只好又再喂它……

据说，小企鹅出世后第一个月内，父母不会离开它们太长时间，一次出去觅食不会超过36个小时，但是随着小企鹅食量越来越大，父母觅食的时间开始增长，偶尔会长达两个星期。

这些毛茸茸的小企鹅，真是可爱极了！恰如以往广州街头卖的毛茸茸小鸭仔般，自己经常会驻足，蹲下来用手轻轻托起，将它放在胸口处，用另一只手轻柔地抚摸它，好似亲子般的母爱情怀。此刻，面对首次见到的更可爱更难见的企鹅仔，我真的好想好想抱它啊！（注：这段文字是修改稿加上的。写着写着，我情不自禁地流泪了……我只好抱着抚摸着购自Clipper Adventurer破冰船、现摆在电脑台上那毛茸茸的绒布小企鹅仔，寄托着自己的一汪深情）。

当然，南极的"活动守则"5米线如同孙悟空用金箍棒给唐僧在地面上画线，越不得雷池半步，别说抚摸，连近前半步都不行。当时我就是情不自禁地跨前半步，"NO，NO"，便受到领队——那"NO"先生之手拦截，我伸伸舌头赶紧退回。我的念头好天真好可笑！但是，我舍不得离开它们，一直痴情守候，先是用眼神与之交流了大半天，接着，再用长焦镜头将它们的可爱小模样定格下来，算作阿德利企鹅仔的留影照。

不知不觉间，两个小时过去了，又该离岛上船。"活动守则"规定每天上下午上岛游客不能超过4小时，所以我们通常在每个岛逗留2小时。

我与阿肖几乎算是"副班长"——押尾的。我俩兴奋得边撤边手舞足蹈，都说性价比高——省下近万元，太幸运了！不虚此行！但转念一想，按企鹅的正常生长期来说，每年的1月份才是企鹅仔出世的时间，然而，我们竟然在12月下旬就看到了。这对我们个人来说，当然是好事，而换个角度来说，企鹅过早生产，也许是全球气候变暖的缘故——唉，又是气候变暖老话题。

**天堂景象**

　　彼得曼岛东南部的小海湾有个怪名为Port Circumcision割礼节港，因其被发现于1909年1月1日，该日为传统的割礼节日。这里北望雷麦瑞海峡或南看格雷厄姆地，映入眼帘的是全画幅非常非常美妙的天堂景象：任何人都无法用任何语言来形容它！

　　这片绝美大地啊，非常神秘，非常圣洁，非常纯净——恍如天堂！

　　流连着天堂般景象，却不经意间发现天堂的景物——位于避难所一个红色小屋附近，用岛上特有的沙砾石垒着立个十字架。是谁长眠于此呢？一旁的咪咪说，Clipper Adventurer船上昨晚发的行程资料说明，1982年8月非常寒冷的一天，英国南极调查队的三位科学家自法拉第研究站（Faraday Station）企望横越Penola海峡的海冰前往这彼得曼岛，但途中却不幸遇难身亡，后人便树此十字架用以纪念。

　　听后，我沉默了。"生活要么就是勇敢的冒险，要么就什么都不是。"——海伦·凯勒（Helen Keller）的话语犹响耳边。是啊，为了科研，为了南极，几个世纪以来，多少科学家、探险家献身于此。他们的牺牲精神让人肃然起敬！也正是如此，他们的灵魂与躯体才能长眠于天堂，与上帝同在，与圣洁共存。

这片绝美大地啊，就是天堂！

南极，这块纯净冰雪大陆，这块地球唯一净土，200年前却有截然相反的感觉。1819年英国探险家William Smith发现此一岛群，他在航海日志中叙述此地为覆盖在冰雪之下的一片荒地。我想，同一自然景观相隔不到两世纪，得出大相径庭的答案。为什么呢？也许是，200年前人类居住的大陆到处是纯净生态的大自然环境，而两个世纪以来的战争、工业化和城市化导致破坏与污染等，已经让我们的纯净生态的家园不复存在，已经使地球许多物种灭绝与濒危——与此同时，南极却成了世外桃源，南极的面貌仿如亘古未变。这要归功于以《南极条约》签约国为首的国际机构对南极环保的提前介入，以及每一条船和每一个进入南极的人，都必须奉行严格的守则：包括每天不能有超过500人次上一个观光点，每天岛上接待游客时间不能超过4小时，人和动物的距离不能小于5米，回到船上之前必须冲洗脚上的套鞋，当然把任何一星点儿垃圾留在岛上那就几近犯罪了。这才使得南极在30多万人次涌入的50多年里，依旧保持纯净、自然的原生态面貌。

我定格了天堂美景——好似定格了南极：真正领略到纯净自然与奇妙壮美。

**乌克兰科考站见闻**

　　南极大陆有人的足迹，除了早期的探险队员之外，就属于不少国家在此地设置的科学考察站了，那些每年居住不超过9个月的科考队员，便成了南极的"暂住居民"。

　　下午14:00时，我们登上此行最南端的南纬65°15'的阿根廷群岛中的Galindez岛——乌克兰的佛纳德斯基研究站。

　　乌克兰佛纳德斯基研究站，呈长廊式的板房，是乌克兰于1996年从英国手中以象征性的1英磅价格买下。因为对英国人而言，卖掉它比移除那些建筑物更省钱。这幢英国小屋，又叫法拉第基地或驻地F，在1947年到1996年的49年间一直被使用于地球物理、气象学和电文学的研究，也是科学家首次观测到臭氧层耗尽形成破洞的地方。佛纳德斯基研究站的乌克兰科学家，除继续研究臭氧层问题外，也扩展到地磁气学、气象学和冰河学等领域。

上岸第一眼，一个五颜六色的指示牌吸引了我们。这近20个方位标示，可说是我们在南极外罕见的指示牌。看来，对我们这些"科盲"来说，就是这些近20个方位标示也够一番"科考"的了。

进入站内参观，暖气加人气让我们都卸下"盔甲"——保暖大衣和防水靴。科考站设有工作室、资料室、健身房、厨房和卧室。在资料室，带领我们参观的乌克兰极地专家指着贴在墙上的南极半岛西海岸的气温观测记录表说，南极乃至全球气温上升已是无可争议的事实，该图表显示，从1945年至2004年间，该区域温度升高了2.5℃。他对全球是否变暖的争论感到厌倦，人类亟须应对和重视的是，南极地区快速变暖引起冰雪大量消融造成海平面上升，引发全球极端天气现象频发和所带来的灾难。

同时，让我感兴趣的地方还有两个。一个是那并不起眼的厨房：烤炉烤箱冰柜等一应俱全外，别致的是那几排架子摆满了大大小小各种罐头，好像广州超市的货架琳琅满目。原来，这八九位乌克兰科考家在这儿通常要住上9个月，各种罐头便成了他们的主要食粮。我想，真的如同宇宙空间站的航天员吃"特制牙膏"般。另一个是工作间：每个案头的墙边都贴着或挂着妻儿照片，有的还是亲笔素描画哩！味同嚼蜡的食品，远离亲情的思念，多艰难啊！我不觉抽了一口冷气。而香港的阿怡与他们交流后告诉我，其实科考家们并不觉得食物难咽，反而感觉与世隔绝般的孤寂（包括亲情遥远）才是最难受的。为此，他们业余常常滑雪、钓鱼、健身等等，除了网络电信的联系，有几个自学素描画亲人画家乡哩，以作为精神上的寄托。

　　哦，我明白了。看来，科考家们不仅需要探险与献身精神，更要具备非常人的心智、意志与毅力。

　　乌克兰是个好客的民族，乌克兰的佛纳德斯基研究站也为欢迎我们提供了旅行纪念的便利。我们几乎每个人都在企鹅、邮轮等明信片贴盖乌克兰邮票、邮戳，留下了珍贵的南极纪念品，也留下了珍贵的南极乌克兰科考站纪念。

**全球最大冰雕广场**

傍晚时分，我们分乘橡皮艇在克鲁斯岬峡湾游荡。

如同白昼一样的极地之夜，举目望去，满眼都是晶莹幽蓝的冰山与大海，呈现冰山冰水相映交辉另一番天堂景象。

突然，面前出现了一座巨大的冰川，抬头看去，高耸入云不见其顶，冰川缝隙间的蓝色光芒直射我们的眼帘。

冰山是南极最美的景观之一。冰山本来就美，而南极冰山许多又是大冰雕，更是美上加美。冰山在阳光的折射下显露出千奇百怪的蓝色，看得我目眩神迷。据说，这里的冰山是经过万年冰雪层层积累而成的，冰与冰之间压得十分紧密，气泡很少，因此才会形成独特的蓝色。而这蓝色在雪白单一且太饱和光线中正好起到一种很好的点缀；回想以往长白山、海螺沟冰川和牡丹江双峰林场等地拍摄冰山雪地时，经常为此运用特技效果仍不好，现却俯拾皆是，信手拈来，浑然天成。可见，南极更是冰雪的摄影天堂。

当一座座大中型冰山在峡湾的海平面耸立着，你乘坐小船穿插其间与之擦肩而过，恍如你流连在世界上最大的冰雕广场，仰视着欣赏着一幅幅巨大的冰雕作品。

你看：

——这是大鹏展翅欲飞；

——这有一个巨型船栓；

——那不就是"昆仑山上一根草"？

你再看：

——有的恰如破冰船头；

——有的分明就是冰崖间的一线天；

——还有，三巨头在冰海聚首哩！

啊！千奇百怪鬼斧神工！

啊！大自然造物太神奇！

啊！天堂呈现的大奇观！

瞬间，我竟然迷失了自己，不知身在何处，如此震撼的场面，实在是无法想象。

许久，"啊！啊啊！"感叹声连连，大家感叹造物主大自然的神奇，用无形的雕刀篆刻着一幅幅艺术品。

### 海豹母子：因可爱而美丽

在南极的野生动物园里，如果说"选美"的话，我觉得体形相貌长得最好最可爱的非企鹅莫属，而与之反差最大的则是海豹了。以致这两天在岛上遇到海豹，船友们纷纷围着那一大团黑乎乎肉团拍个不停时，我却避而远之。

然而，当今晚9点多钟乘坐小船巡游，看到冰块上的这一对海豹母子，我的心却为之所动。

只见这对海豹母子：

先是相依相偎着——黑乎乎大肉团是母亲，灰白色的小块头是幼子；

接着幼海豹扭动身子，游离母海豹两三米到冰块边缘，摇摆着小小圆头，一副调皮可爱的模样；

母海豹静静横卧着，好似在观赏着爱子；而小家伙得意起来，突然张大嘴巴露出那红红的上下颚——真难得的绝妙亮相！

也许是我们拍照的"咔嚓咔嚓"声音让幼海豹不好意思了，它赶紧闭上嘴，冷不防一个猛子扎进海里，消失得无影无踪——好一会儿，附近海面上没有一丝动静。

哎，大家轻轻地叹了一声，心想，这个可爱的小家伙跑掉了！一定逃得远远的了！

大概又过了两三分钟吧，没想到，就在它落水的地方，一个小圆头在海平面探了探，向我们这群不速之客眨巴眨巴着圆圆的小眼睛，好像说，咦，我可是潜水冠军——就在原地不动可20多分钟哩。

据说，海豹的孕期非常长，一般在十一至十二个月之间，几乎总是只产一仔，好像我们人类孕期一样。幼子出生后立刻会游泳，在出生后半小时内也可以在陆上活动。

我想，幼海豹是一定不会游远的。因为母亲在这里，母子相依为命啊！

真是一对非常可爱的海豹母子！因为可爱而美丽的海豹母子！

**宁静祥和的平安夜**

咖啡室、休息室、餐厅、走廊及门框、吧台等装饰着圣诞树、红靴、冰球等，服务员戴着圣诞礼帽身穿白色礼服在餐厅穿梭着，船员、游客见面都在互道"圣诞快乐"！

有多少人知道，在遥远的南极的一艘Clipper Adventurer船上，满船都洋溢着圣诞的节日欢乐气氛！又有多少人知道，全船来自全球各大洲的120名游客和72名船员，举办了"联合国"式的圣诞平安夜大派对！

——咖啡室内，挂壁的电视显示屏两旁分别挂着装满小礼盒的红靴子，屏幕固定播放着熊熊燃烧的圣诞篝火；

——餐厅门旁，摆放着用蛋糕精制的圣诞老人屋，用奶酪写着"merry christmas"（圣诞快乐）。

龙虾杂锦加啤酒红酒，慢慢地品尝，轻声细语干杯，温馨而丰盛的晚餐。

晚餐后全体游客分乘10艘橡皮艇，身着圣诞老人服饰的船员，载着我们沿着海湾缓缓驶去。

正当大家沉浸在如同白昼般的幽美冰海夜色之时，小船突然停下，船员从小舱中取出红酒、可乐和纸杯。

"哇！哇哇！"大家一阵惊呼，大大出乎意料！

　　对面艇上，连同船员在内的13个伙伴，与我们隔船面海举杯：圣诞快乐！圣诞快乐！

　　整个海峡，笑声祝福声此起彼伏——因没有动物在场就无须控制音量，人人的嗓音此时此地都迸发了出来，克鲁斯岬峡湾成了节日的欢乐海湾。

　　——别具一格的Party！别开生面的派对！

　　返航后，手表已指向11:50时，尽管已是深夜，但船内外通亮，人们仍无睡意。

　　走廊上，飘来一阵耳熟能详的钢琴声——那是约翰·施特劳斯《蓝色多瑙河》。原来有位30多岁的美国女游客，正在交谊厅的钢琴旁，用灵巧的双手弹奏着钢琴——这情景，让人联想到奥斯卡得奖影片《钢琴课》，而那优美悠扬的音乐仿佛让我们置身于美丽梦幻般的多瑙河……

　　交谊厅好些人，三三两两在倾听的、闲聊的、玩牌的，还有看书、看电脑的。

　　第二次在异国他乡在远洋轮船上，度过了又一个难忘的圣诞平安夜！

　　今夜无人入眠噢。

关键词：企鹅表演\丹可"珠峰"\冰海之泳\"高速公路"\
鲸鱼"海战"\圣诞晚餐

**第六天 12月25日 晴**

"HO！HO！HO！"——圣诞老人的笑声！透过每日的行程表开头语，仿佛从纸平面传来……

哦哦，今天是圣诞节了！最高兴、最有意义的是在南极过圣诞了！突发奇想，就叫"极地圣诞节"！

今天也是内容丰富亮点纷呈：有登高望远，有企鹅作伴，还有观鲸鱼"海战"，看"高速公路"，望"珠峰"飞鸟，"水陆空"均有，颇具特色。

### 台上演戏台下看戏的企鹅

Clipper Adventurer船在安沃尔湾停泊。早餐后8:30时，我们乘橡皮艇只航行300米左右，到了东岸纳克港，是多天以来的最短行程。纳克港是由Gerlache在其比利时–南极探险（1897~1899年）时发现的，以经常使用这个海湾的一条捕鲸船Neko来命名。这艘船在1911~1912年至1923~1924年往返于南雪特兰群岛和南极半岛。港口旁边的岸上有一个荒废的、由阿根廷人于1955年建造的避难所。

纳克港最有意思的是，我们橡皮艇登岸的地方，有点倾斜地摆放着一张天然"沙发"——当然是冰块，好像纳克港知道有朋自远方来，特意安放的。

　　然而，这里的巴布亚企鹅可好了，它们不管客人不客人的，先是在"沙发"旁看我们一拨拨上岸，待我们全上岸且大多数人离开后，它们就占领"沙发"了，也许它们才是这"沙发"的主人。

　　有3只巴布亚企鹅将"沙发"当舞台登台表演了，台下看戏的除了企鹅就是我和阿肖。

　　表演的节目虽是"哑剧"，但很有趣，算是"知心爱人"的小品吧。有两只企鹅应是伴侣，而一只"小三"却总想"横刀夺爱"，它千方百计在施展"才华"，想方设法"勾引"，而那一对就是不为之所动。好一会儿，那"小三"黔驴技穷了，便快快不乐地走下舞台。一看"小三"离开，那对伴侣可高兴了，它俩"咕咕"呼唤，似乎在说，不管风吹浪打，我俩真心相爱——知心爱人嘛。

　　这两位知心爱人先是手拉手，情至高处竟热吻起来……

　　我和阿肖看呆了——为野生动物园的企鹅真情演绎的"哑剧"。

好容易等这对企鹅表演"谢幕"退场，我小声叫阿肖赶紧绕过去坐上"沙发"拍个沙发照。

　　也许是对这位不速之客的大块头阿肖好奇，也许是被那黄澄澄的防风雪大衣吸引，这些巴布亚企鹅居然从周边摇摇晃晃地聚拢到了"沙发"下面，好像是一群"好学生"，在看着"好老师"阿肖。

　　这难得的一幕，我突发想法拍个"课堂教学"场面。于是，我边对好镜头边打手势，让阿肖对着它们指指点点，构成一幅天然课堂的授课图：阿肖"老师"仿佛在说，你们啊，是我们人类的好朋友，我们会全力保护你们的；而你们担心的全球变暖问题，我们正在积极采取应对措施，一定会逐步得以解决的。你们可要相信啊，不必过分担心哦！这些巴布亚企鹅静静地听着，乖乖地站着，还不时地点头致意，表示它们认可这位"好老师"的"精彩演讲"哩。

　　我按下快门：定格人与企鹅和谐相处的"代表作"之一。

### 攀登丹可岛"珠峰"

　　当站在这座海拔180米（南极半岛算是较高的山峰）的丹可岛峰顶端，如同青藏高原登上珠穆朗玛峰，又一个很壮观的全画幅景象：美丽的成卷状的冰山，周围山峰上的层层冰川，是那么令人炫目；蔚蓝色的艾瑞拉海峡（Errera），Clipper Adventurer船的倩影，高坡群居的巴布亚企鹅，更是浑然一体的"天人合一"照。

　　真是"无限风光在险峰"啊！

　　这是我们在南极的首次攀登冰山，也是我的人生首次攀登冰山。自己虽然已到过珠穆朗玛峰的大本营，但却是靠汽车和马车，其意义非同寻常。

　　攀登之前，我与阿肖将伟大祖国的鲜红国旗展示开来，并让咪咪丈夫阿周拍下此景——很有一点让国旗在南极飘扬与纪念的味道。我们想，除了中国科考站的国旗，也许作为中国游客展示国旗很罕见也很自豪啊，特别是在白雪皑皑的背景衬托下，那鲜红的颜色非常夺目。这不，老外们有的在一旁羡慕地看着，有的成了照片背景。所以建议中国人到访南极千万记得带上鲜红国旗，合影才不留遗憾哪。

在极地攀登雪山绝对是一件苦差事。雪地的深浅不一，深的超过膝盖，穿着厚重的防水靴，比登山鞋更笨重不便。你得深一脚浅一脚、歪歪扭扭地艰难行进着，遇到稍陡坡处便得加上两只手——变成爬行动物了；你得打起十二分精神，死死跟定前面那个人，按他的每个脚印踩着，绝对不能走偏半步，小心提防冰裂隙——冰裂隙也就是通常所说的冰缝，是冰川在运动过程中由于冰层受应力作用而形成的裂隙，南极冰盖上的冰裂隙常深达上千米，被南极考察队员称为"地狱之门"。还有，尽管你带上防雪墨镜，但南极大陆的紫外线极其强烈，即使背对阳光，反射到脸上的光线仍能让皮肤肿胀发红——当然，经过数天暴晒后大家脸上已成奶油加巧克力那种颜色了。而在雪原上高山那白雪皑皑的紫外线更直接烤灼脸颊和刺痛双眼，因拍摄我大部分戴近视眼镜，所以难受得很！

登山途中，不时看到蓝眼海鸭、海鸥等，它们多在悬崖峭壁上。在半山腰，我们还看见了难得的一景：有只巨海燕，在空中盘旋飞翔，先是掠过我们船友头顶，又俯冲下企鹅筑巢处，让两只企鹅拉长脖子在呼叫——贼鸥才是天敌，人们经常可以目睹到企鹅为保护它们的后代和贼鸥展开殊死搏斗的场景。受此海燕飞翔启发，我策划并为阿肖拍了个展翅欲飞的Pose。

艰辛、艰苦、艰难，终于在北京时间15时35分55秒成功登顶丹可岛主峰！真有些攀登上珠穆朗玛峰的兴奋和激动！

真是上山容易下山难。但是，老外们出游多经验也多，他们各出奇招：有的滑雪，有的拉"雪橇"，有的在雪地上翻滚着……

### 冰海之泳

纳克港是几个港口港湾中海岸比较平缓的，可算是适宜冰海游泳的了——据说好些老外早都"蠢蠢欲动"。

从丹可岛主峰下来后，不少人便在海岸边站立着，好几个中年男士开始快速脱衣服，很快扒得只剩游泳裤，他们应是有备而来的，先后跑向冰海，扑通扑通就游了起来……

"天哪！"我们好些人看得目瞪口呆。别看现在天气晴朗太阳高照，但气温仍低，大概零下6℃~零下10℃吧，至于冰海的温度更低，起码在近零下20℃——比那些哈尔滨的冬泳者更不易，何况冬泳者通常要先热身，且有防护措施。

更让我吃惊的，一位40多岁的妇女，也加入了勇敢者队伍。你看，她自由泳游得一点都不吃力，好像不是冰海而是普通大海似的。

也许，看到女人也疯狂，一对泰国的年青夫妻也手拉手下海了——海水才及半腰，那女子便尖声叫嚷起来，两人便赶紧跑回来。到底是东方人，不如西方人"皮厚耐寒"吧？

冰海的勇敢者，真佩服他们！事后，才听说如果下水游泳，还可以拿到南极游泳证书呢！

当然，"南极游泳证书"这一"重奖"之下必有勇夫。但挑战冰海，挑战极限，勇气更嘉！

### 企鹅"高速公路"

丹可岛是大约1600对巴布亚企鹅的家，它们在山坡的高处筑巢养育后代。

站在雪山下，就看到有一条主要的和几条弯弯的羊肠小道蜿蜒而下，有十多只企鹅正从山坡往下摇摇晃晃地走着。

向导指着主要的路小声说，大家不要走这条路，它是企鹅的高速公路，他们的家都在那坡上，每天来来回回不知多少次的。

企鹅高速公路？以企鹅命名以企鹅为主人？我们不禁哑然失笑。

这些巴布亚企鹅在这条白雪映衬下有些褐红色的（那是它们"随地大便"造成的）高速公路上，因是实土比雪地快了许多，有的企鹅张开小翅膀，从上往下一溜儿小跑似的，对它们来说，谓之高速公路一点也不夸大。

是啊，有主干道有匝道，又是川流不息的，畅通无阻的，可爱的企鹅哦，你可比人类幸福多了，不用留下"买路钱"哪。

　　我们正看得入神之时，有个摄影发烧友将自动录像机连同三角架，放在主干道及匝道的空地上，镜头对着主干道的企鹅。

　　这时候，好笑的一幕出现了：有三只企鹅小跑下山时，在录像机前止步了，犹同高速公路遇到路障似的刹车了。它们听着那自动拍摄的"嗒嗒嗒"声，很是诡异：什么声响？从没听过的。领头的那只胆子好像大一点，向前迈了一步。我们悄声说，嘿，它过去了，其他的就会跟着过去的。

　　可是，希望见到的却没有出现。这些巴布亚企鹅属于温柔型的，也应是较为胆小的吧，领头的那只歪着脑袋看看镜头，摇摇头，两脚又退回去了，它认为这是什么新式武器呢，还是小心提防为好。其他的，包括后来的越来越多的企鹅便也乖乖地原地待命了。

　　看到自动录像机成了高速公路的大路障，主人只好笑着搬走了。

　　于是，企鹅高速公路又恢复繁忙交通了。

### "围歼"鲸鱼的"大海战"

蔚蓝色的美丽艾瑞拉海峡，这个区域是驼背鲸出现的热点地区，有时在岸边就能听到它们的声音哩。

提起鲸鱼，许多人都并不陌生，但亲眼所见，并且在南极海峡这个野生动物世界，是很有意思的。

在Clipper Adventurer船走廊上有一幅摄影吸引我的目光：那是夕阳下一条大鲸鱼的尾鳍扫出海面时拖带的水珠，如同一张抹上金黄色的珠帘。这是难得时机抓拍的，我不敢有奢望，但与鲸鱼相会的渴望则是更迫切了。

应该是晚饭后时分，我们这120名船友分乘10艘橡皮艇在海湾闲逛，其实是与鲸鱼有个约会。没想到的是，与鲸鱼的相会，竟然是在艾瑞拉海峡上演的一场"大海战"，我们10艘橡皮艇大举"围歼"鲸鱼群！

记不得是哪一艘艇先发现驼背鲸了，反正"哇哇"声接二连三响起。我乘的橡皮艇在经验丰富的老船员驾驶下，并没有朝着那像拱起的小山似的鲸鱼方位赶去，反而逆向而行。

　　果然，不一会儿，距我们艇仅四五米的海面，先是看到海面有一股水波荡漾开来——老船员"嘘"的一声，提示我们注意。突然，一个驼背鲸鱼头露出来，我们惊奇地张大嘴巴，"哇啊"声还未落下，一条如橡皮艇大的鲸鱼背就拱过去了，那油亮亮的黑褐色皮肤在海面上画出一条漂亮的弧线，接着便是柔软的尾鳍扫出海面……

　　鲸鱼腾起的海浪，晃动着我们的橡皮艇，也晃动着12个人的心；我们都坐不住了，纷纷站起来，好几个人还对着鲸鱼背和尾鳍"咔嚓咔嚓"一阵狂拍。

　　前方的鲸鱼尾鳍刚刚潜下去，后方的鲸鱼头又冒出来——

看来，这是一群驼背鲸鱼，大概有七八条。鲸鱼是群集动物，它们通常成群结队地在海里生活。当鲸鱼呼吸时，就需要游到水面上来，这时鲸鱼是利用头上的喷水孔来呼吸。呼气时，空气中的湿气会凝结而形成我们所熟悉的喷泉状。

　　令人奇怪的是，这些鲸鱼不仅不怕人，反而喜欢人，像与我们这10艘橡皮艇玩起了"躲猫猫"似的。看来，对我们友好的不仅有小小企鹅，更有大大鲸鱼——"海洋之王"哩。我想，它们是好奇我们的五颜六色：黄色保暖衣、红色救生衣、蓝色工服和黑色橡皮艇吧？它们或许是以"躲猫猫"方式与我们玩耍吧？要不，只要鲸鱼背轻轻一拱，我们那非常轻型的橡皮艇肯定会翻个底朝天！

　　我们这些"战舰"在"舰长"的驾驭下，也毫不客气地"围歼"它们，加上那"长枪短炮"镜头的一番狂扫，真是别开生面的一场"围歼"鲸鱼群"大海战"！

　　太刺激了！太好玩了！

## 温馨欢乐的圣诞晚宴

　　大家企盼的圣诞自助晚宴，在船尾的二楼观景台露天举办。

　　一排烧烤炉生火了，炉旁的厨师身着圣诞老人服成了烧烤师傅。一阵阵火鸡、鹅鸭、鱼虾的香味扑鼻而来，一缕缕的炊烟飘洒四周——极难得一遇南极海域的"野炊"正在进行时。

　　因是露天就餐，温度大概在零下5℃~零下6℃吧，晚风较大有点刺骨，全体船友们都裹着厚厚的防雨保暖大衣，除了"少壮派"其他人都戴起帽子。

　　但是，冷风驱散不了热情，寒冷不敌众人心热，加上洋红酒、洋啤酒的加油助威，船友们个个很快就脸红心热，纷纷脱下大衣了。

　　一阵桑巴舞曲响起，餐台排队的人也随之扭动起来；有人扭着扭着忘情时端着的盘子仍是空的，身后的人边笑边夹条火腿肠，他笑纳后将盛着火腿肠的盘子也扭动着旋转着，耍杂技似的，又迎来大家的一阵掌声。

　　乐曲声、干杯声、喧闹声，连成一片，在艾瑞拉海峡回响。

　　祝福吧，欢乐吧，相拥吧，难分你我，在艾瑞拉海峡相聚。

　　圣诞老人，我们你们异域同庆圣诞！南极北极全球同此赤热！

## 第七天　12月26日　大雾

今晨发现，我们的Clipper Adventurer船已经掉头往北行驶了——心头难免有惆怅之感。

按原计划我们将在上午登陆位于英格兰海峡北口的艾卓岛，据说还可看到在那里繁衍的帽带企鹅和巴布亚企鹅及让人好奇的小企鹅哦。可是，此计划搁浅了，原因已广播，我俩没有去问那几位香港同胞。因为我俩明白，船长及工作人员一直以来，都是仔细研判每日气候等情况，弹性安排每日活动，包括搭乘橡皮艇登陆，探访野生动物群栖处所，科研站区或具有历史性背景的遗迹等等，他们的专业敬业没得说，不能登陆就有不能登陆的理由——返阿根廷首都上网查阅资料才知道，南极大陆常因风雪交加、风速太大、冰雪消融严重等而无法登陆，有好些南极之行游船仅登陆3、4个岛或海湾。如此说来，我们好幸运的了，这趟仅一个登陆点没上。

北行，是返程开始之日，也是挥别南极之时。

动物是通人性的。鲸鱼、海豚和海鸟知悉我们要离去，依依不舍似的，都先后赶来送别。

## 南极证书

今天早餐后，我们每一个人都收到一份非凡的礼物——有船长亲笔签名的南极证书："YanPing Li 抵达南纬62° 31′ — 64° 50′"两行简单的文字，却显得如此重要！

然而，我觉得，一纸文书，只是作为记录了本人到过南极而已，更重要的是心灵的印记、梦幻的印记：纯净南极，最美南极！恍如天堂，胜似天堂！

**逐浪海鸟**

正如"早起的鸟儿有虫吃"一般，勤快且聪明的鸟儿是会引人注目的，那是"与鲸共舞"的南极雪海燕，又名南极雪鸽，其外型和个体十分像鸽子，故得其名，是南极海燕类中最为美丽的一种海鸟。

上午9时左右，甲板上有船友在指指点点。原来，远处有一群群的雪海燕在贴近海面飞翔——有经验的船员比画着，那里应是有鲸鱼！

也许是船长为弥补未能登陆的缺憾，也许是真诚地让我们再与鲸鱼近距离接触，Clipper Adventurer船改变了原航向，往鲸鱼处海域驶去。

今日亮相的鲸鱼，有别于上次"海战"的驼背鲸，它的尾鳍在潜入水下时通常不见摆上海面，后来查找资料才知叫长须鲸。这长须鲸虽没有"炫耀"其尾鳍，但它间歇喷出5米左右高的水柱，还是挺壮观的。

然而，最好看的却非主角鲸鱼，反而是配角——那围着鲸鱼、贴近海面飞翔的一群群雪海燕。只见它们每一群七八只，追逐着长须鲸的游踪：当鲸鱼背拱出海面又潜下水之时，就有七八只雪海燕飞快地俯冲下来，嘴巴迅速地往海里叼着小鱼小虾。它们围成个半圆型，煽动翅膀，伸长细腿，好似跳着芭蕾舞的小天鹅——舞姿婆娑，造型优美。

　　我惊叹，这些雪海燕太聪明了，它们会"借刀杀人"——借助鲸鱼的翻滚海浪来觅食；这些雪海燕也好美丽，那天鹅般白色身躯配上浅灰色翅膀，加上黄色嘴足，又有下巴上的一点红（真像抹上口红似的）点缀。

　　真是"与鲸共舞"的既美丽又聪明的雪海燕！

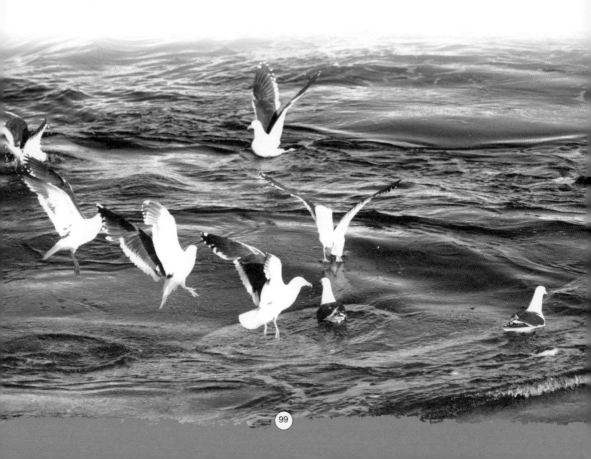

## 海豚：用心伴行

Clipper Adventurer船缓缓北行，冰山也在船两旁渐渐远去……

离别南极的惆怅之感，也是渐渐地增加了。

莫非又是动物与人的相互感应？莫非南极的主要"居民"都要与远行的我们辞别？午饭前，广播"叽里呱啦"响了——阿怡跑来告诉我俩，说是左舷有海豚。

海豚？我精神一振！是啊，此次南极野生动物园的主要"居民"企鹅、海狮、海豹、海鸟都一一拜访过，就差海豚了。在香港海洋公园、广州海洋馆看海豚表演，多么乖巧、灵活，很是聪明、活跃。当然，那主要是靠人驯出来的，实际上海豚的确是本领超群、聪明伶俐且很有人性的动物。

左舷甲板上下三层都站满了"黄衫军"——身着防风防水保暖大衣的船友，大家与我一样盼见海豚。我的眼光扫了海面一通，没有异常动静。海豚，可爱的你在哪儿？

看看，在那儿游着哩！顺着旁人的手指，我架起了"小白"镜头认真瞄瞄，终于看到了60米开外小海豚在海平面下跃动式畅游着。它全身灰色，是叫灰海

豚的，体型小小，1米多长，不借助长焦镜头几乎是个"小不点"。而就是这个"小不点"，一直不跳跃出来，鬼精着哩——本来，海豚的生活习性是在水面换气的，每一次换气可在水下维持二三十分钟，当人们在海上看到海豚从水面上跃出时，这是海豚在换气；这个"小不点"，知道身旁巨轮上有许多人在眺望它，要看它跃出海面换气，它偏不！

半个多小时过去了，"小不点"一直在海平面下游弋着。这样，大家只好快快而归；好些人的"长枪短炮"也只是作为"望远镜"使用，谁也没有拍下小灰海豚的清晰倩影。

好遗憾啊！

我是少数几个"坚守阵地"的人。我不死心，好像"小不点"一定会跃出海面与我辞别，我也能够拍下它的瞬间倩影。

"小不点"不理会我的良苦用心，依然我行我素。

已失望的我，望着这片海域沉思：

哦，"小不点"海豚是用心灵在伴行，默默地……

第八天　12月27日　阴　飓风

今天去吃早餐，从舱房到餐厅不足50米的走廊，我是靠走廊扶手摇摇晃晃近10分钟才晃到的。

平日熙熙攘攘的餐厅，今早却是出奇的冷清——只有30多人在就餐。原来，昨日傍晚开始至今，德雷克这个恶魔凶相毕露，将我们Clipper Adventurer船搅拌得天旋地转似的，120名游客有近四分之三的人都给撂倒了，据说有不少人迟服晕船药而近乎失效。天哪！

考验！验考！晕船！船晕！

超过一整天约30多个小时“暴风骤雨”之后，是“雨过天晴”的风平浪静。晚餐时分，我们在平缓的智利利马水道一个海湾停泊，举办Clipper Adventurer船此次航行的“最后晚餐”——也是最难忘的晚餐！

**西风带"德雷克魔鬼"逞威**

21日那天经过德雷克海峡特别罕见的风平浪静,以致我心里默默地赞美德雷克海峡的眷顾与偏爱!

或许,德雷克本是个恶魔,其魔鬼本性难改!

或许,德雷克听到我的心声,觉得太便宜了我这个遥远中国人不行!

再或许,恰如观音知道唐僧西天取经已经受难八十回,九九八十一还缺了一回必须补回一样,苍天定要让我们见识一下"杀人的西风带"如何"杀人",领略一回"魔鬼海峡"魔鬼逞威!

……许多许多的或许,已经就不是或许了。

现实是现实,严酷更严酷。早餐后风更大,卷起的浪更高——仅次于飓风狂浪,形容为狂涛巨浪并不夸张:风速高达24米/秒,浪高7~10米,直往船上拍打。我们这艘豪华级的大破冰船也震颤得如婴儿摇篮似的,成30~40的角度左右

摆动，当晃动厉害的时候，连桌上、茶几的杯子都来回移动。就是那久经考验的数十名船员，在餐厅、走廊也是一摇三晃地艰难行走。"躺下来身体在晃，站起来脑袋在晃，走起路来人在晃" ——概括得非常经典。而我们这些30多位没被撂倒的"英雄好汉"，也不敢轻举妄动，大部分乖乖地"猫"在相对来说摇晃小一些的船头位置的交谊厅坐着。其他被撂倒的大部分船友现状可是非常"惨烈"：脸色苍白，有气无力，倒在床上，不吃不喝，上吐下泻，大部分人都吐得天翻地覆，有人还吐胆汁哩，每间舱房门口放置的黑色胶袋供不应求哩。与我"同房"的阿肖就是"严重病例"之一。

我这个所谓的"英雄好汉"，充其量也是打折扣的。当我例行端着手提电脑好容易晃到交谊厅，在最靠船头的沙发坐下，准备撰写航行日志之时，方感觉到我的想法做法好天真好可笑。整个船已好似调成震动，近乎覆巢之下安有完卵？电脑虽不会像那些轻的玻璃杯在缓缓移动，但人的大脑在晃动中是晕乎乎的，哪还有清晰思绪？看看旁边的人，玩电脑的也只是在阅读或筛选照片而已。

　　上午10时后，是德雷克恶魔逞威最疯狂的时候，估计我们Clipper Adventurer船已经驶到德雷克海峡的中段，这片宽阔的海域更是恶魔出手的好地方。透过舷窗，看外面海天皆灰色，大浪滔滔，由于担心晕乎乎的自己招架不住，也会给恶魔当俘虏，我赶紧服晕船药（4小时才发生药效）来"保驾护航"，也是增加心理的抵御力量罢了，并躺在床上以求平稳些且听音乐解闷。

　　陈红的《常回家看看》唤起了思乡的心绪，眼角慢慢地渗出泪滴。Clipper Adventurerr船啊，你快点儿走，带我们回家看看；德雷克恶魔啊，你快点儿走，让我们回家看看……

### "最后晚餐" ——最难忘晚餐！

傍晚，Clipper Adventurer船停泊在智利利马水道一个海湾，举办"船长晚宴"，也就是此次南极之旅的"最后晚餐"。

俗话说，没有不散的宴席。明天，我们全船旅客与72名船员将要分别，我们120名旅客将要挥别，各奔东西。9天朝夕相处，彼此的深情厚谊，难分难解。

精干的船长最先"粉墨登场"——整齐的制服，显得庄重神气，致告别辞；接着，领队及船员、专家学者分别——亮相答谢。大家一个劲地鼓掌，以表示对他们的辛劳、他们的认真、他们的付出，予以最深切的谢意！

以上答谢仪式是在交谊厅举行，"第二套节目"晚宴移至餐厅。厨师为全船近200人做一日三餐美食，9天的早中晚正餐菜色、品种及点心没有一样重复，做得精致，保证蔬果，成了西餐的美食节，简直超乎想象。现在他们又为"最后晚餐"绞尽脑汁，先是精制蛋糕亮相，后是美点、美酒"巡礼"，营造了一阵阵欢快祥和的气氛。

　　举杯吧，为了终生难忘的南极之旅！

　　祝福吧，为了大家友谊的地久天长！

　　"第三套节目"合影——

　　杯箸交错，酒酣饭足，大家都坐不住了，纷纷合影留念——同桌的照，同组的照，同伙的照，同乡的照；老朋友一起的，新结识朋友的；年轻人一伙，中年人一群；闪闪镁光，张张笑脸……

　　我们新结识的莫妮卡、咪咪夫妇、阿怡一家人、阿莲夫妇都分别留影。当然，最珍贵、最难得的是我们来自同一中华血脉的中国人"全家福"。

关键词：冰海情暖\满载而归

第九天　12月28日　晴转多云

　　清晨，一阵喧哗声从甲板上传来——原来，我们的Clipper Adventurer船已经停泊在火地岛港湾码头了！

　　真是"船到码头车到站"了！

　　常言曲终人皆散，而我们120名来自世界各地的船友们，就要"挥泪"（果然如此）告别了。我们小联合国的"国民"将要各奔东西南北。天天朝夕相处，彼此结下的深情厚谊，到了难分难解的时候……

　　整个早上，离别的伤情越来越浓，心里已被愁绪渐渐填满了……

**冰海很冷情谊很暖**

　　友谊不分国界，友情连结你我。在Clipper Adventurer破冰船的日日夜夜，一百多人从世界各个角落出发集中到这里，宛如统一参加联合国活动，从素不相识路人到情同手足朋友。

　　咪咪夫妇和阿怡一家3口，9岁女儿是全船最小，都是来自香港。28岁的咪咪加拿大留学后在港某银行搞培训，英语很好，善解人意，又热心助人，几乎是我们俩的兼职翻译了，还有阿怡也帮不少翻译。咪咪为我们俩补课，笔译每天的行程安排，甚至西餐菜谱也给我们口译，让Clipper Adventurer船仅有的两个"英盲"不至于掉队呀，不能按时行动啊，当傻瓜呀。我们俩从心底深深地感激她，祝福她。刚刚辞别之际，我与她紧紧拥抱，难分难舍，一时泪流无语……

还有，说说几个"老外"吧。

像我这个"英盲"的人，也与老外交上朋友，还是很有交情的老外朋友？真的！

莫妮卡，来自西欧，是已工作的三个儿子的母亲，58岁的她邀女友同游南极。我与她的相识相交，并非她住在我们隔壁，而是那天在纳克港。我们俩不约而同都因喜欢海湾边徘徊的那群巴布亚企鹅，便逗留在那儿，互相拍与企鹅的合影，彼此初次留下好印象。后来，我俩来往频繁，借读卡器；她给我看IP手机家庭照片；我打开电脑的影集让她看——她很惊叹北疆和坝上的壮美景色说以后要去中国，加上肢体语言，我俩成了好朋友——我们互留了邮箱和联系电话；她送个小宝石给我留念，我回赠中国丝绸钱包，她非常高兴。

负责我们4个小组上岛活动的领队"NO"先生，如同英国绅士般，对人很是和蔼，对我和阿肖这两个"英盲"也一样，特别是我不时有些小违规——没穿防水裤啊，脚架移动离企鹅没有5米哦，赖在岛上最后一个走的，诸如此类，他总是微笑着善意地连说"NO，NO NO"，所以我称他"NO"先生。

　　还有，开橡皮艇载我们往往返返的水手，有70岁的老水手——白胡子的美国大爷，也有20岁出头的帅水手——英国小伙子，除了他们的敬业精神感人外，他们常常在我这个"大包袱"（数十名女士就我特别负重）——上下橡皮艇时，伸出援手，特别予以关照。尤其是美国大爷，照顾我像对小孩似的，真有点愧疚。

　　南极海域处处冰冷，而南极船上处处温馨——友情洋溢，融化冰雪；人间真情，南极写意。

**满载而归——南极之旅**

昨晚有个小插曲，让我小乐一下哩。

船长在昨晚的简短仪式上致辞后，船员向每个人派发了行李识别单：按翌日班机时间前后分红绿白三色小票送行李。我和阿肖两人拿到的是绿色行李识别单，我有些高兴，心想，咦，绿色是通行标志，莫非"好意头"？Clipper Adventurer船还要载我们继续另个新的行程？船到码头不到站，只因人船情未了？

暗自高兴仅仅半小时，有船员特意拿了两张红色行李识别单找到301房，换回绿色行李识别单，连比带画总算知道搞错了，我们上午11:05时的航班应该是第一批，领红单而非绿单。咳，白高兴一场！

匆匆吃了点早餐，拉了阿肖上二层靠船头甲板，以火地岛乌斯怀亚市巍峨洁白的勒马尔歇雪峰为背景，拍下了在Clipper Adventurer船上的最后留影——笑着，却是有点苦涩的笑。

有件很重要的事情，要赶紧办。那是"抱"一对"企鹅母子"回国，作为南极真企鹅的代表，伴随我们今生今世，方可弥补重大缺憾。我俩原在乌斯怀亚市街区专卖店看中一对很逼真的毛绒"企鹅母子"，商议返程再买。谁料因时间偏紧及考虑整体行动之便，Clipper Adventurer船务安排我们是直达机场的，尽管市区到机场也只有2公里左右，因而只能考虑在船上的小商场购买了。

这一对毛绒"企鹅母子"，我已经把玩了好几回。"made in China"的产地标示明明白白说明来自中国，但是你在国内或当地的商场、小摊却看不到更买不到，特别是那做得惟妙惟肖的企鹅仔。据说，这是邮轮与厂方直接按图定点订货专供的。"抱"吧，"抱"吧，"抱"着这对"企鹅母子"回国回家吧。

行李箱早已塞得满满的，没有这对"企鹅母子"的"生存空间"，只好另外用环保袋手拎着——这对"企鹅母子"享受"贴身服务"了。

　　满载而归，归途载满。

　　满载的何止行李呢？

　　我的眼里载满了：南极的绝美极地风光——南极的可爱野生动物——南极的艰苦科考家们——南极的舒适自在邮轮……

　　我的脑里载满了：冰雪消融、风雨交加、生存挑战，一系列的南极异象警示人类：全球变暖不能只是话题而已，应该刻不容缓采取行动了！倡导低碳生活从我们每个人做起！

　　我的心里载满了： 192人就是192颗心，纵使天南海北难再相逢，浪迹天涯海角曾经有缘。

　　啊，南极之旅，满载之旅！

# 似梦

梦幻感觉真奇妙：
让你徜徉在纯净天堂、绝美仙境——

## 似梦一：最纯净绝美的天堂

踏上南极半岛，映入眼帘神秘圣洁纯净的这片绝美大地啊——
你就踏上地球惟一的最纯净绝美真正的天堂！
梦幻南极，恍如天堂！ 行走南极，如同徜徉天堂，深深震撼的同时，
神秘圣洁仙境N个感觉一直在脑际萦绕……

曾记得，大学校园的一场关于天堂辩论：什么是天堂？

西方人说：那是上帝居住的圣地，世人死后灵魂安息的地方。

东方人说：那是玉皇大帝的宝殿，好人死后就能上天堂，坏人死后只能下地狱。

同学中，有的说：天堂是虚拟的，根本就不存在，只是一种精神乐园；有的说：天堂即是宇宙空间，或是另一星球；还有的说：天堂在哪里？天堂是何模样？世人不得而知，更是不可到达。

我在一旁托腮冥想，如果有天堂，那一定是最美好的：非常神秘，非常圣洁，非常纯净；没有人类骚扰，没有任何污染，只有动物安居，只有自然生态。

然而，这般美好那么纯净的天堂，何处可觅呢？

我的足迹遍及五大洲的数十个国家，游览"人间天堂"之称的新西兰、北欧小国，也踏上西藏包括珠穆朗玛峰的大本营、纳木错等人烟稀少之地，也踏上许多美丽且原生态的小岛如塞班岛等，曾有过好多好多次"天堂"之美的感觉！但是，总是还有遗憾，也总是隐隐约约觉得，地球上应该还有一个最纯净绝美真正的天堂！

　　终于，"众里寻她千百度，蓦然回首，那人却在灯火阑珊处"！

　　踏上南极半岛，映入眼帘的这片神秘圣洁纯净的绝美大地——你就踏上地球惟一的最纯净绝美真正的天堂！

　　梦幻南极，恍如天堂！

　　行走南极，如同徜徉天堂，深深震撼的同时，N个感觉一直在脑际萦绕：

### 天堂的第一感觉：神秘

当那些云环雾绕的俏丽冰峰在你眼前闪过，当那些斑斓奇异的冰雕向你扑面而来，当那些光怪陆离的冰岛在你周边环绕，你一定会有深深地触动：多么神秘的冰峰、海峡和海岛啊！多么神秘的南极半岛与大陆啊！

是啊，南极的一切都是非常神秘的，南极的一切都是尚未探知的。

比如：南极大陆是地球最古老的岩层，可达30亿年以上；有数个知名的无冰地区极富科学研究价值。

又比如：南极大陆的冰盖也是地球奇观之一，是几千万年以前形成的。它不仅储存了地球上95%以上的永久性冰川和72%以上的淡水资源，而且还像一部无字天书，记载着许多极其宝贵的科学信息。

南极，披着美丽而神秘的面纱，你想撩开它吗？

## 天堂的第二感觉：圣洁

圣洁的最主要标志，字义上说，就是神圣而纯洁；现实意义理解，就是没有人类骚扰及任何污染，只有动物安居，只有自然生态！

由于南极大陆至今没有常住居民——只有少许的阶段性科学考察人员和数天旅游者，更没有任何的工业废物污染，所以，南极大陆至今仍是原始生态、洁白无暇的冰雪世界、真正的世界野生公园和最洁净的大陆，也是全球唯一的科学实验最理想的圣殿。

真是的，千百万年来，南极这个亘古长眠的世界，向世人裸呈着自己的冰肌玉骨，展露着自己的圣洁纯净，呈现着绝世无双的广袤大美！

**天堂的第三感觉：仙境**

冰山，冰原，冰岛，冰川，冰崖，冰海，冰块……

冰的所有形态都在这里凝聚，冰的所有美姿都在这里展示，冰的所有内涵都在这里凸现。

透明的冰，洁白的雪，天空泛蓝，湛蓝大海，构成纯美的蓝白世界。

于是，这里展现着令人荡涤心灵的至美景色，展现着令人震撼心灵的绝美大地。

你说，这不是地球天堂吗？！

你说，这不是人间仙境吗？！

## 似梦二：南极归来不看冰

南极那耸立海中的万丈冰崖，那奇妙壮美的冰川海岸，
那冰海雪原的蓝白世界，那闪烁着斑斓的奇异冰光，
最好地演绎着纯美纯净的圣洁童话……
南极冰画——最美的天堂画册！

南极归来不看冰！
这是我在南极半岛巡游航行之后最想说的一句话。
南极的冰，其神秘、圣洁，让我陶醉不已；其绝美、多彩，让我异常震撼！
南极那耸立海中的万丈冰崖，那奇妙壮美的冰川海岸，那冰海雪原的蓝白世
界，那闪烁着斑斓的奇异冰光，最好地演绎着纯美纯净的圣洁童话……
南极冰画——最美的天堂画册！

## 冰原篇

这片绝美大地啊，雪依然洁白，冰依然透亮中泛出蓝和绿，天空如洗，海水湛蓝。这片绝美大地啊，非常神秘，非常圣洁，非常纯净——恍如天堂！

非常非常美妙的天堂景象全画幅：任何人都无法用任何语言来形容它！

你看，远处的冰山与近处的冰岛呼应，黝黑的岩石与洁白的冰雪相衬；极地艳阳白云缭绕，蔚蓝色的天海一色，更吸引你目光的是那两只牵手企鹅——它俩相伴走天涯：

爱是地久天长，爱是相依相伴。

好像乌云滚滚，
好像大雾弥漫，
我们熟视无睹我们十分淡定；
因为天人合一。

冰山、浮冰两白相映，
企鹅、礁石两黑相依。

## 冰雕篇

千奇百怪——鬼斧神工！
感叹造物主大自然的神奇，用
无形的雕刀篆刻着一幅幅艺术品，
演绎着一个个无声的神话！

老人与海
海明威的名作在这里复制——
老人啊，你在凝望南极冰海？
老人啊，你在感叹南极变暖？

相爱凝望
亿万年的恐龙没有消失
亿万年的岁月没有流逝
母子情深
爱是永恒

多有趣的一幕：
母龟驮子——参加群龟盛会哩！

有防洪，就有泄洪；
有意有为乃上帝之手；
无意无为属浑然天成。

### 冰光篇

　　冰山在阳光的折射下显露出千
奇百怪的蓝光，看得我目眩神迷。

　　皇冠之光
　　见过金银的皇冠，
　　见过珠宝的皇冠，
　　唯独没见过冰雪的皇冠。

　　金光灿灿皇冠代表皇权，
　　珠光宝气皇冠象征财富，
　　晶莹蓝光皇冠则是圣洁化身。

泛蓝之光
似鳄鱼嘴巴微微张开，
投影似蓝如白淡绿有黑；
光之复合就是泛蓝之光，
诠释着大自然纯洁晶莹透亮。

晶莹蓝光
尽管离开冰山母亲漂泊，
尽管颠簸浑身布满伤痕，
亿万年的神韵化作蓝莹莹的光芒。

## 冰影篇

银火炬
没有燃烧，却似利剑出鞘；
没有传递，却有光影相随。

蘑菇云影
沙漠上空的蘑菇云，给人战争阴影；
冰海下面的蘑菇云，给人静谧之影。
绿色是环保，白色属和平；
蘑菇互依偎，云影两相随。

冰海是张纸
冰影如诗行

问君圣洁何处有？　一片冰心在玉壶。

## 冰山篇

　　南极的冰山是非常吸引人的景观，南极所特有的——从冰架或冰川边缘断裂下来不久的冰山通常是平台状冰山；此外，奇特的是冰山会进一步地分裂、翻转、坍塌而形成各种形状的小型冰山漂移着。

　　冰山依旧在，几度夕阳红——正是夕阳映冰山。

　　那黑乎乎的山是火山爆发堆积岩，而白色的是尚未消融的冰雪，这黑白版画便是白雪在墨黑山脉上挥洒的杰作——长卷的巨幅黑白版画。

## 浮冰篇

南极的浮冰，如珠，似玉，恰如大珠小珠落玉盘！

南极的浮冰，冰晶，冰石，如同王母娘娘撒落的晶亮珍珠！

南极的浮冰，鱼骨？天鹅？谁的艺术之手巧夺天工？

## 冰海篇

### 冰海穿梭

当一座座大中型冰山在峡湾的海平面耸立着，你乘坐小船穿插其间，与之擦肩而过，恍如你流连在世界上最大的冰雕广场，仰视着欣赏着一幅幅巨大的冰雕作品。

# 似梦三："形象大使"企鹅

企鹅作为南极"形象大使"，
丰富多彩的内在美：团结、耐寒、忠贞、温情、友爱。
憨厚可爱的形象：直立、多姿、漂亮。
从见到它时的一见钟情，到数天后依依不舍的分别，
再到时过境迁的今天非常思念，久久地闪现在我眼前……

一提起南极，人们当然就联想到企鹅。

正如每个城市每个地方都有形象大使一样，企鹅是南极大陆最有代表性的动物，是南极的"土著居民"，被视为南极的"形象大使"，那是理所当然，毫无异议的了。

南极共有21种企鹅，广泛分布在较低纬度区域内。而在南极高纬度地区即南极半岛周围的岛屿常见的企鹅有"四大家族"，即巴布亚企鹅（30万对）、阿德利企鹅（250万对）、帝企鹅（50万对）、帽带企鹅（750万对）。

科学家认为，南极洲的企鹅来源于冈瓦纳大陆裂解时期的一种会飞的动物。在距今大约2亿年前，冈瓦纳大陆开始分裂和解体，南极大陆被分裂出来，开始向南漂移。此时，恰巧有一群会飞的鸟在海洋上空飞翔，发现漂移的南极大陆是一块乐土，于是，它们就降落在这块土地上。然而，好景不长，随着这块大陆的南移，气候越来越冷，离温暖的大陆越来越远，它们想飞离这块地方已不可能了。不久南极大陆漂移到了现在这个地方，天长日久，原来繁茂的生物大批地死亡，唯有企鹅的祖先活了下来。但是，它们却发生了脱胎换骨的变化：翅膀退化，由会飞变得不会飞了，行走的姿势也变成直立的了。与此同时，抗低温的能力增强，食性也有所改变。随着岁月的流逝，终于变成了现在的企鹅。

　　企鹅作为南极"形象大使"，其丰富多彩的内涵和美丽可爱的形象，从见到它的第一眼起，直到数天后的分别，再到时过境迁的今天，久久地闪现在我眼前……

　　因为钟爱，因为偏爱，我将这些南极"形象大使"的形象，向每一位爱企鹅人士全方位诠释：

### "形象大使"外在美：可爱——直立、多姿、漂亮

企鹅是人见人爱的，其中很关键的就是它那类同人的直立行走——非常可爱的"小人"。除了直立外形，它们的体态多姿，很有亮点：其红唇加粉红脚蹼显得漂亮哩。

那天下午4时左右，我们在纳克港一上岸，就有一群"老朋友"——巴布亚企鹅，那里大约有1600对巴布亚企鹅在迎接我们。

不经意间，我细眼一看，这些企鹅可不一般哪！

只见：除了嘴巴红红的，它的一双粉红色双脚蹼特别引人注目，当它张开那短小翅膀内侧呈现那粉红色，与脚蹼相衬，煞是好看！还有，它走起路来，形态也很是优雅，15磅左右的身躯（比帽带企鹅和阿德利企鹅稍大点）显得有几分雍容华贵的模样。

我脑际一闪念：红粉女郎般的企鹅——是啊，在南极最常见的巴布亚企鹅、帽带企鹅、帝企鹅和阿德利企鹅这4种，除了有着彩色外衣体型高大的最美丽帝企鹅之外，巴布亚企鹅算是漂亮的，它那眼睛上方有白色块状，这两个块状往往在头顶连起来好像白色耳机——好在俯拍了张孵蛋时的照片，头部清晰可见，就已经比起纯黑脑袋的阿德利企鹅和黑脑袋加黑带的帽带企鹅美了几分，加上那橘红色的喙、鳍状肢和足的装点，也是彩色企鹅了。

你看：这几只巴布亚企鹅展示身材婀娜多姿；

你瞧：那只巴布亚企鹅张开那粉红色小翅膀体态轻盈地扑向冰海；

你再看：有只巴布亚企鹅在阳光下用嘴整理羽毛很是优雅……

毫无疑义，巴布亚企鹅以"红粉女郎"作为"现场参选"（哈哈，帝企鹅缺席）的最美企鹅。

巴布亚企鹅是企鹅四大家族中最少的，属于"少数民族"了，需特别保护的。而有意思的是，巴布亚企鹅的英文是GENTOO，后面TOO好似阿拉伯文字100分，莫非预示着它们就是最棒的？

我为"红粉女郎"拍了不少特写镜头。

**"形象大使"内涵：多面——团结、耐寒、忠贞、温情、友爱**

    选美中外表美丽只是一方面，内在魅力的美丽更是重要的一面。企鹅，也正是这样。

    好像，红粉女郎般的巴布亚企鹅，它们的内在美也是明摆着的：第一脾气温柔，具备友好相处的秉性；第二技能超强，远途深海潜水，可以超过100米深度；第三自我保护，通常在岛上高处筑巢养育后代，可以防备海狮海豹的袭击。

　　企鹅在风雪中是"硬汉子"，看这一对笑傲风雪的夫妻俩"珍贵"照片。耐寒的同时，又很有温情脉脉的柔肠哩。那天在麦克森港港口，正下着雪。我的视线被一对体态丰盈的企鹅吸引了：只见它俩面对面站立着，先是拍拍翅膀好似相互挑逗，另一只用鳍状肢指着嘴，又好似在说，雪大寒冷不要怕，咱俩在一起哩！一会儿，它俩各自用自己的嘴巴摩擦着，慢慢地，两张细长的嘴巴对接了——好一个标准的亲吻照！我立即用长焦镜头将此"特写"定格。

企鹅，还是爱情忠贞、"一夫一妻"、"家庭和谐"的杰出楷模呢。据了解，企鹅雌雄间关系稳定。雄企鹅每年先回到其栖息地修复用小卵石铺成的家，雌企鹅于每年11月的第一周或第二周产两个蛋，然后便回归大海8~15天去觅食；雄企鹅这期间迎风冒雪坚持孵化，20~30天不进食，体重锐减一半。到了11月中旬，天气变暖，冰雪大面积融化，企鹅无需远征觅食，于是雌雄鹅每隔2~3天轮流孵化、下海觅食直至幼鹅出生。幼鹅出生后，其父母还要轮流下海捕食哺育幼鹅。

　　因雨雪的缘故，这些大部分雌企鹅——有些是雄企鹅，夫妻"轮流坐庄"，耐心且认真履行责任与义务，专心致志孵蛋，一点也不受外界干扰——好像对我们的"虎视眈眈"很是"熟视无睹"，头不抬身不动，要想"偷窥"其蛋难矣。那一次，当我将镜头转到另外10多只孵蛋的企鹅——它们在小屋处地势稍高些垒窝抱窝。15分钟过去了，也许是"守株待兔"的效应吧，终于，正前方的一只雌企鹅开始挪动了，它慢慢地边摆动边站起身，隐隐约约可见半个蛋。我赶紧再次调校焦距，死死盯住镜头。镜框内展示了很逼真很难得很温馨的一幕：它用嘴轻轻地慢慢地将蛋翻动着……

　　因可爱而美丽。企鹅如人的互爱、母爱，显得多么美好啊！

## 思梦A: "土著居民"的呐喊

没有冰，企鹅何以安家？
没有南极，企鹅何处漂泊？
企鹅作为南极的"土著居民"，对南极大陆最有发言权。
它们向人类发出无声呐喊！

当我将目光再次停留在《家园何处》这幅照片时，我的心很是凝重，沉甸甸到了快要窒息的状态——没有冰，企鹅何以安家？没有南极，企鹅何处漂泊？

南极的"土著居民"企鹅，对南极大陆最有发言权。它们向人类发出无声呐喊。可以这样说吧，在南极与它们朝夕相处有了心灵交流，我听懂了——我成了代言人：

亲爱的主宰地球的人类：

今天是"世界地球日"。我们来自南极洲的阿德利企鹅，代表全体约8000万只企鹅向你们——主宰地球的也是主宰企鹅的人类问好！

我们大家都是地球上的不同物种。我们大家各自繁衍生息。你们人类脚印踏上南极已近两百年，在南极的考察和旅游活动本身并未对南极造成很大的影响。但是，我们作为南极的原住居民，我们感同身受的是：南极冰原正在遭受着万里之外你们人类的工业社会的"折磨"，全球变暖已经成为悬在南极大陆头顶的"达摩克利斯"之剑。

不是吗？你们看：

流离失所——本来，我们企鹅"四大家族"各有领地的。在1993年前，彼得曼岛上原是阿德利企鹅的领地。由于气候暖化的影响，在原有栖息地冰层融化

后，相对更能适应较暖和天气的巴布亚企鹅逐渐"入侵"，并占领了岛上大部分领土，使得彼得曼岛成为世界上最南端的巴布亚企鹅积聚地。阿德利企鹅流离失所了，而当南极半岛气温持续暖化，彼得曼岛上冰层融化一旦加剧，巴布亚企鹅可能将被迫继续南迁，它们也会随之流离失所。

　　南极冻雨——由于近年来气温升高。在整个20世纪，地球的平均地表温度仅上升了大约0.6℃，南极半岛西海岸的暖化程度是全球均值的5倍以上。南极地区连续爆发反常暴风雨 ——"南极冻雨"。 冻雨频频冰冷刺骨，小小企鹅受害最深，我们阿德利企鹅仅2008年就有万只小企鹅被冻死。若暴雨气候持续，数目可能大减八成，不仅科学家担忧，我们更担忧，我们阿德利企鹅很可能在十年内绝种啊。

生存危机——我们现在的生存条件越来越恶劣：第一是气候；南极变暖导致的气候异常（如前所言）。第二是环境；冰雪大面积融化，雪山与冰层呈现缩减趋势，冰层已明显消融并露出褐色地基，冰层融化使我们失去了抚养幼仔的场所。第三是食物；冰层保护着南极海洋中丰富的浮游生物，浮游生物养育着磷虾，磷虾几乎养育着南极所有食物链上层的海洋生物特别是我们企鹅；现磷虾的数量正在急剧减少，食物来源匮乏，严重威胁我们生存哪。

　　我们感谢你们制定并实施一系列的南极公约，保护南极保护我们，但因为影响着南极生态和环境的事件，并非发生在南极大陆上，全球温室效应和气候变异波及首当其冲是我们，是我们全体8000万只企鹅的生死存亡啊！

　　亲爱的主宰地球的人类，你们科学家的预言——正如电影《2012》揭示的世界末日一样，人类再不重视环保，再不重视生态，在毁灭地球其他物种的同时，也将最后毁灭自己！

　　亲爱的主宰地球的人类，在"世界地球日"倾听我们的呐喊：还我家园吧！拯救我们吧！

　　　　　　　　　"口述"：250万对阿德利企鹅

　　　　　　　　　执笔：苑子

　　　　　　　　　写于2011年4月22日

## 思梦B：地球最后的净土难"净"

南极"从头到脚"处处是资源，而且资源量常常要以天文数字来计量。

南极历史学家维多利亚·萨莱姆说：

"南极是这个星球上最纯净的地方，但它正面临着严重的危机。"

南极——地球最后的净土，真的难"净"了吗？

南极大陆是地球上极富自然之美的地方，它有壮阔横亘的山脉、冰棚，巧夺天工的冰山与丰富的野生动物，约8000万只南极企鹅更是人们印象中的南极标记，全球2/3的海豹、约100万条鲸鱼、数百万只各种海鸟，是地球上最后一个未受破坏的陆地，也是地球上最后最大的一块净土。

如上所述，最后一个具有大自然原始风貌的外部，大多是人们知道的，而不甚了解的是南极的内部蕴藏。我们来看一组数据：

石油——南极石油储量达千亿桶之多，天然气达5万亿立方米。

可燃冰——最具代表性的地下能源是冰盖之下和周边海底中的可燃冰，其储藏量远远超过了地球上现存的所有化石燃料——石油加煤炭的总和，是能够替代石油或煤炭的清洁能源。

矿藏——储存丰富的煤、铁之外，还有金、银、铂、铬、锡、铅、铈及镉等多种金属矿藏。

海洋生物——海豹、海狮、鲸、鱼类和富含高蛋白类，仅南极磷虾蕴藏有15亿吨；还有，独特的南极海洋生物冰鱼、毛头星、筐蛇尾、灰鳐、海虱等等。

淡水——贮存了全球75%的淡水资源，以永久固态方式存在。南极洲98%的地域被一个直径4500千米平均厚度为2000米的永久冰盖，最厚处达4750米。

土地——南极是地球上最后一个被发现且唯一无土著人居住，领土主权悬而未决的大陆，又称第七大陆。总面积约1400万平方千米，相当于中国与印巴大陆面积的总和，居世界第五位。

以上所列，足以吸引世界各国的注意力。七大洲中，没有哪个洲像南极这样"从头到脚"处处是资源，而且资源量常常要以天文数字来计量。

因为如此，南极的"净土"从来难以"净"：

尽管西风带将人类进犯的脚步拖延了数百年，酷寒也一直扼住了人类欲望的咽喉，但这片无主之地的诱惑实在是太大了。围绕南极的百年争夺战"开打"——1908年，英国首先对南极提出了领土要求。继之，澳大利亚、新西兰、法国、智利、阿根廷和挪威的触角也先后伸向南极。到20世纪40年代，英国、法国、挪威、澳大利亚、智利、阿根廷、新西兰共七国已对83％的南极大陆提出了领土要求。而美国、前苏联不承认任何国家对南极的领土要求，同时保留他们自己对南极提出领土要求的权利。由于对领土要求的纷争，致使南极大陆成了多种矛盾的焦点。

特别是1946年，二战刚刚结束，战幕落下，冷战伊始，世界上飞越南北两极的第一人美国海军上将理查·伯德带着4700名军役人员深入南极内陆，声称要开展科考，却带来了大量军事设备——运输飞机、军舰、装甲车甚至潜艇。这是史上第一次大规模的军事装备进入南极大陆，也引起了各国严重的恐慌，加剧了各国对南极的领土主张。

正是看到了潜在的危机，1955年，12个国家第一次对南极的问题进行了磋商。1957年国际地球物理学年上，12个国家最终坐下来，商讨制定《南极条约》。《南极条约》签署于1959年，1961年生效。最初的文本解决了两个最重要的问题：第一，冻结所有国家在南极的领土主张，且规定缔约国不能再对南极发出领土要求；第二，南极领土上不允许任何军事性质行动，包括核试验。

　　因为如此，南极的"净土"暂时得以"净"：

　　《南极条约》是指导人类社会在南极活动的最高准则，有效地约束了人类对南极的继续破坏。该条约签署与生效后，被骚扰了一百多年的南极大陆才算稍稍松了一口气。人类开始悔悟对无主之地的所作所为，并在接下来的十年里，一口气签订了《保护南极动植物议定措施》（1964年签订，1982年生效）、《南极海豹保护公约》（1972年签订）、《南极生物资源保护公约》（1980年签订）。南极条约组织的缔约国虽然在数目上少了些，但它们占有的人口量为全世界的3/4，经济总量占全世界的90％以上。可见，南极条约组织"代表了全世界大多数国家和人民的利益"，稳固之势难以撼动。南极地区才迎接和平的到来。

但是，太平的日子不可能太久。有两个必然的因素正在加剧影响着南极大陆——第一，全球变暖。2006年7月14日，在塔斯马尼亚首府霍巴特举行的一个国际科学大会上，专家们预计，随着全球变暖的趋势已难以逆转，在未来一百年内，由于愈演愈烈的变暖趋势，被称为"不毛之地"的南极洲将有望长出树木。如果南极洲"山河变色"，届时的南极，恐怕已经"适合人类居住"了！第二，资源开发。随着全球资源特别是自然资源日趋枯竭，直到今天，没有任何国家或者南极研究者否认南极资源在未来开发的可能性。南极资源的开采离我们到底还有多遥远？这不但受到人类资源稀缺程度、开采技术等因素的制约，更可能取决于南极环境的变化速度。一旦南极资源的开采技术发展成熟，并且能够做到不破坏南极的环境——美国已经突破了在北极地区开采石硅而不破坏环境的技术难题，因此南极"资源开发时代"等待破题。因为人类不可能永远不动用南极的资源。

因为如此，南极的"净土"远远难以"净"：

南极历史学家维多利亚·萨莱姆说："南极是这个星球上最纯净的地方，但它正面临着严重的危机。"针对目前有些国家已经采取各种方式在南极洲圈占势力范围，以占据最佳战略位置这一现象。她还说，最大问题就是未来如果一旦冰川大量开始融化，世界能源枯竭后，南极资源变得更容易获取，各地的人会来夺取资源。

对此，科学家的无奈回答是：这是一场"战争"，谁丧失了南极这个"主战场"，谁就丧失了21世纪后半叶到22世纪的资源。

南极：地球最后的净土，真的难"净"了吗？

踏上南极之日，我惊叹拥抱地球最后的净土，我说不；

离开南极之时，我洒泪挥别地球最后的净土，我说不；

让大家认知南极寄望南极，一起来，我们说不！

# 思梦C："世界公园"靠世界公民

今天，南极最大的威胁确实来自人类活动造成的气候变化以及臭氧层空洞，来自我们过度发展导致生态破坏以致环境恶化。

对此，每一个世界公民从现在做起，从自我做起，强化环保意识，节约能源消耗，实施低碳生活，坚持不懈地做对南极、对地球有价值有意义的事情。

---

南极极端纯净的环境也意味着极端脆弱，需要小心地呵护——每一位从南极回来的人，大家心里都有相同的感觉；同时也感同身受的是，如果所有人都能像在南极那样小心呵护身边的动物和自然环境，那该多好⋯⋯

千万年来，人类因为改变世界而发展，人类也因为发展而危及世界。今天，南极最大的威胁确实来自人类，但或许不是来自游客被极地的纯自然旅游所吸引而产生的渴望，而是来自人类活动所造成的气候变化以及臭氧层空洞，来自我们过度发展导致生态破坏以致环境恶化。

自己心里沉甸甸的，两个话题紧紧地压抑着胸膛⋯⋯

**关于变暖话题**

——冰海雪原，这是南极给世人的普遍印象。而南极无冰少冰，南纬63°以北未见浮冰，却是我初入南极的第一观感；在南极几个岛屿，我看到两岸都是覆盖着巨大冰盖的巍峨雪山，在雪山靠近海面的地方，由于大量冰块脱落，已裸露出大面积的褐色山体，使得冰盖成巨齿状不规则地笼罩在山岩上。据船上地质学家斯蒂芬介绍，几年前，这些冰盖都还能顺着山体一直延伸入海。

——气候变化对于南极冰川有很大的影响：过去五十年，有87%的冰川正在消融；南极冰川随着温室效应迅速融化，使海平面大幅上升；南极半岛将很快沉没……

——美国太空总署2010年12月16日发布的最新卫星监测数据显示，2003年至2007年的五年间，地球上南极、美国阿拉斯加和北极格陵兰岛的陆地冰川已融化逾两万亿吨，全球气候变暖的趋势愈见明显。联合国气候委员会科学家说，研究显示：到2100年，海洋会升高1.55米，2300年时升高1.5~3.5米。德国气候科学家拉姆斯多夫指出，如果南北极冰层全部融化，全球的海平面将会上升57米。

——此前一项研究已指出：全球气候变暖已导致喜马拉雅山上的冰川融化加快。据悉，全球冰川每年约流失一百平方千米的冰。有学者预计，到本世纪末，阿尔卑斯山及瑞士等地将再看不见冰川。喜马拉雅山的冰川亦将会完全融化。冰川湖泊水位不断增高，最终会导致许多湖泊崩堤。据联合国环境规划署对尼泊尔境内的3252个冰川和2323个冰川湖进行的长达三年的观测显示，这些地区的气温比20世纪70年代升高了整整1℃。研究表明，尼泊尔境内的20个冰川湖和不丹境内的24个冰川湖的水位持续上升，5~10年内，这些湖泊将会崩堤，世界其他地区的许多冰川湖也面临同样的威胁。由山岳冰川融化而成的水是河流的源头。如果全球的冰川快速融化，世界上许多河流将会干涸，可饮用水的水源将迅速减少，人类以及动物的生存就会面临严重威胁。另外，全球水位上升也将减少人类的可用土地等。

**关于环保话题**

——2010年10月，世界自然基金会（WFF）发布的一项报告称，如果世界温度上升2℃，则半数以上的南极企鹅种群都将减少或者灭绝。因为南极最大冰架罗斯冰架从21世纪初就被观察到有冰山陆续断裂。

——仅仅过去了一个世纪，地球大气层二氧化碳含量的改变速度就相当于十万年冰川同期的改变。五十年来，海洋酸化的速度超过了此前五千万年海洋发生的所有变化。

——南极的"臭氧空洞"。1984年，英国科学家首次在南极上空发现了臭氧空洞。经过多年研究，认定是氟氯烃排放所致，且迅速恶化扩张，使人类不再拥有足够的氧气；臭氧空洞放进来的紫外线使多种癌症和肿瘤的发病率大大提高，最重要的是，过强的紫外线影响了南极海域浮游生物的生存。

——人类在消费和吸吮着地球，除了已灭绝的物种外，目前三分之一的两栖动物和珊瑚虫，四分之一的哺乳动物和八分之一的鸟类，又被列入"濒危物种"。

南极，作为地球上唯一的无主大陆，酷似"世界公园"——哪一国的公民不必签证都可自由前往，而它的一切独特都亟须小心翼翼地保护，当然也必须靠世界公民了。

值得欣慰的是，我们在行动——

**航行：**

从20世纪70年代开始，国际组织已经禁止使用重型燃油的船只进入南极海域，只能使用清洁燃料的船只；船上的排泄物和污水必须从南极带回返港后处理。严格的南极航行规定将整个对环境影响的行程严格限制起来。为防止非南极本土的物种、病菌等随着游轮被带入南极，乌斯怀斯出售的所有生鲜食物都要进行高温或低温灭菌、灭活处理。

**垃圾：**

探险家罗伯特·斯旺组建的"2041"组织（因2041年有关环境保护和限制各国在南极采矿的《南极洲条约环境保护协议》将要失效，由此命名旨在推动继续环保），自己筹资并说服相关政府提供协助，耗费近七年的时间清理了南极乔治王岛别林斯高晋站周围共计1500吨的垃圾。而在南极不留下任何垃圾，包括烟头纸屑甚至尘埃，也成了每一位到访者最基本的责任。我们不能扔垃圾或杂物，无意遗失东西也是要尽力避免的。此外，我们所有登陆人员都不能在野外排泄，保持"净土"干净。

**石头：**

我们非常严格按照国际南极旅游组织协会（IAATO）的要求，在南极的任何小岛都做到绝不带走诸如石头、化石等在内的任何东西。离岛游客必须抬起靴子，工作人员会用海水把你的鞋底刷干净，包括鞋底的一颗小石子。实际上，我在彼得曼岛曾经差点犯了错误——我捡起一块褐色小石头把玩着，看看四周没人

想将它带回留作纪念。我有个嗜好，到任何国家都买个有象征意义的物品作纪念。我将小石向阿肖示意，她摇摇头。我知道南极的规矩是绝对不允许的；转念想想，南极大陆裸露的地方本来就少，石头是很多企鹅筑巢求偶的必需品，与自己那么喜欢的可爱动物抢石头，从感情上也很难说服自己，我为自己的闪念羞愧，也为放弃想法欣慰。 所以我们真正做到了不带走南极的"一草一木"即一沙一石。

**动物：**

　　每个游客都尊重南极的主人——企鹅、海狮、海豹、鲸鱼等。到了那里，我们牢记自己客人的身份，就是把主动权交给这些主人。比如对企鹅，我们上了岸，绝对没有高声喧哗以及投喂甚至熊抱企鹅，与它们的距离不能短于5米，也不能挡在企鹅们的路径上。如果你想亲近，守株待兔是唯一的办法，你看我拍下企鹅主动靠近人的几个镜头。还有，那海豹在浮冰上躺着，我们的橡皮艇都不能驶近，拍摄便常有遗憾。

**能源：**

乌斯怀亚机场几乎是用木头架构的原生态的机场，整个主干框架是原木，门窗也是原木，给人自然、轻松和舒适以及新鲜与奇特的感觉。我们抵达机场时，一些工人正在阳光下翻修，将候机大厅其人字形的斜坡屋顶全部更换为太阳能片。乌斯怀亚这个小城一年有二百多天都是阴雨天，但即便如此，当地人也不愿放弃利用太阳能来减少能源污染的机会。对于世界上最靠近南极的乌斯怀亚人来说，或许他们比我们更清楚环保意味着什么。

**气候：**

继哥本哈根气候大会一周年之后的联合国天津气候大会与坎昆气候大会相继召开，各国期待最终达成减排共识，为拯救地球未来做最后的努力。因此，"碳排放"、"全球变暖"、"末日警钟"、"国家责任"等诸多关键词势必将再次进入全球人们的视野，再次掀起人类对生态的反思浪潮。

当然，我们还做得不够，我们仍需不懈努力。

人类要关注，社会要重视，各国要防范。为南极，每一个世界公民从现在做起，从自我做起，强化环保意识，节约能源消耗，实施低碳生活，坚持不懈地做对南极、对地球有价值有意义的事情。

每年4月22日的"世界地球日"，联合国呼吁各国重视人类和地球的福祉，把爱护地球和保护日渐稀少的自然资源作为共同责任的重要活动。2010年，我国的"世界地球日"主题是"低碳经济绿色发展"，2011年的"世界地球日"的主题为"善待地球——科学发展，构建和谐"。是啊，我国人口众多，资源相对不足，生态环境承载能力弱，更要善待地球，促进人与自然的和谐，更要节约资源、保护生态和资源循环利用，建设资源节约型和环境友好型社会。

我们是南极的行者，我们也是南极的卫士！

我们坚信，有每位世界公民的自觉行动，就有"世界公园"的魅力永存。

南极是我们心中天堂，南极在我们心中永驻，南极让我们生生不息！

## 思梦D：让心灵做一次美的朝圣
### ——乌斯怀亚机场遐想

南极的纯净，无声地荡涤着一切世俗。

南极的圣洁，有效地弘扬着一种精神。

放弃物欲权欲色欲，回归自然朴实纯真。

南极之行给了我真正的人生意义！

南极之行让我的心灵做了一次真正美的朝圣！

踏上返程，浮想联翩……

在乌斯怀亚机场候机时间多达两个小时。我走出机场大门外，第一眼眺望到巍峨洁白的勒马尔歇雪峰，脑际便闪现旅者再熟悉不过的名言——1924年人类首位攀登上珠穆朗玛峰的英国登山家乔治·马洛里，他面对美国《纽约时报》记者问他为什么要攀登珠穆朗玛峰时，说过"因为山在那里"，这成为世界上所有喜爱户外运动人们的名言。

**是啊，"因为南极在那里"**

　　游走是人类基因。正如获诺贝尔文学奖的墨西哥作家奥克塔维奥·帕斯说的：旅行的愿望，在人身上是与生俱来的；谁要是从未萌生过此念，那绝非人之常情。

　　天地有大美而不言，所幸的是人类有一双发现美的眼睛。因此，人们热衷行走，人们热衷发现。

　　对于一个热爱旅行的人来说，每一次旅行都是值得期待的。人生有太多不确定，也有很多不如意的，也有很多欣慰的。在路上，可以让自己的生命更有色彩，也让自己年老的时候，有值得回忆的往事。

　　游走世界，必定是感受美丽，必定是放弃烦恼——大自然的天高云淡取代都市的繁嚣喧闹，大自然的青山绿水拂去都市的灯红酒绿，大自然的纯真质朴化去人际的浮华复杂。

这时，远处海湾上空几只海鸥在自由飞翔，它们那矫健的身影让你联想到，南极版图也宛如一只展翅欲飞的银色大鹏……我的思绪也随之再次飞翔比格尔水道–德雷克海峡–南极半岛：

南极啊南极，你那至美、至纯、神秘、孤独的身影，以其不可抗拒的魅力，吸引越来越多旅游者前往一睹风采。

南极啊南极，你至今仍是原始生态，宛如洁白无暇的处女世界，是真正最洁净的大陆，让人亲历后终生难忘终生无憾。

全球唯一！

绝世无双！

文字是空乏的，涉足才是真实的。南极在那里，感受也在那里。

乌斯怀亚机场周边宁静，飞机起降极少，来往车辆也很少，我看看表还有一个多小时，便往机场右侧慢慢走去。这是一个美丽僻静的小海湾，与乌斯怀亚小城对望。我时而仰望着白雪皑皑的雪山，时而凝视着清澈蔚蓝的海湾，时而看着岸边那一丛丛白色野花，享受着悠闲与宁静。

　　脑际中，有个绕不开的话题——南极对我的人生意义是什么？

　　当我站在那片辽阔的南极大地上，比任何地方都更接近蓝天；当我站在那与蓝天接壤的地方，比任何地方都更感受天地的纯朴之美。每天我都在欣赏着如风景画般的纯色美景，沉浸于特有的悠闲世界；每天我都在感觉自己贴近自然，融入自然，心灵仿佛有了翅膀，飞翔在那美丽静谧的天堂。

　　通过感官–感受–感知，内心平静–平和–平实，也许，这就是南极给我心灵的洗涤。

**是啊，"因为内心求平静"**

　　已在南极探险十年的英国历史学家维多利亚感慨地说："南极对我来说就像是一种药物，它可以带来内心的平静。因为在伦敦那样的大都市时刻被媒体、商业和人群所包围。但是在这里，我在船上可以找回一种内心的平静，再回到喧闹中，我才能适应，所以每隔一段时间，我都要来南极一次。"

　　到访南极的美国人最多，又数中年夫妇较多。"南极如世外桃源的净土，实在是动荡不安、人心惶惶的最理想逃亡地。""最大的幸福就是什么都不必做，不看电视，不看报纸，不用电脑。只要闭上眼睛，静静地坐在南极海岛上，听冰块涌动的声音，就让人知道什么是真正的祥和。"一对美国中年夫妇曾对香港阿莲这样感叹。

　　著名歌手成方圆去南极回来，也感慨地说："在那里生活特别简单，没有任何烦恼，一回北京事情就全来了，演出、电话、堵车等等。刚从南极回来，开车在路上，谁愿意超我都行，我也不着急，心态非常平和。"

惟有不问世事的时候，才会知道原来平静并不难求。中国人常常感慨西方人的悠闲与平静，其实那是他们懂得生活——徜徉于自然之中，得失之心、凡尘俗事俱烟消云散，透过炫目的阳光，化作浓浓淡淡的幸福。

人生短暂，各有所求：有人为名，有人为利，有人为情。我一生何求？ 善待自己善待他人，放弃该放弃的，享受该享受的。

是啊，你何必活得那么较真？一个人一辈子，也许不该对自己太苛刻，更不该对他人太苛刻，应该活得从容、平和一些，不要总是寄望改变很多，更不要总是企盼很多——特别是身外之物。面对南极的亿万年冰山和无边的冰海，你就会意识到自己的渺小和生命的短暂，认识到一切都微不足道，认知到市侩与庸俗势力的强大，你就变得聪明了。你明白了：有许多东西是一定要放弃的。享受放弃，不等于消沉。它是一种更高层次的积极生活态度，是经历过后的感悟，是走遍万水千山之后的一片开阔地带，供你优哉游哉地静观世相，超越世俗而不脱离现实。一旦懂得了享受放弃，对人对事，你就会变得客观得多，宽容得多，不再

爱钻牛角尖，不再老是跟自己过不去，不再与这世界格格不入。善待自己和他人且洁身自好，这就够了，这就能让自己的内心获得宁静。

南极的纯净，无声地荡涤着一切世俗。

南极的圣洁，有效地弘扬着一种精神。

放弃物欲权欲色欲，回归自然朴实纯真，南极之行给了我真正的人生意义！南极之行让我的心灵做了一次真正美的朝圣！

一阵"轰隆隆"飞机起飞声传来，将我的思绪拉回眼前——

比格尔水道的水通向南极冰海，也捎去我的心语：

南极啊，与您难分难舍啊！我深情地眷恋着您——此时一别，何日重逢？离别伤感之情油然而生……

但值得自我慰藉的是，有更多的有识之士会来看您的——让心灵做一次真正美的朝圣！

# 追梦

追梦者不言迟。
为梦想万里行，相会在南极——

## 追梦A：南极欢迎爱心使者

"来南极，请带着爱心与责任一起来！"

这是我作为一位南极游客回来后向每一位也将启程南极人们的忠告。从另个角度来说，我的行程结束应该成为一个新的起点——这是荣幸，更是责任。

很多人认为，南极是最后一片净土、人类的圣地，要严格保护起来，不许一个人来；也有不少人看到前往南极的旅客越来越多：至目前为止到访南极的总人数大约30万人，1998年以前游客人数每年只有大约6000人，但自1998年以来，每年超过了1万人，2006年人数在过去的十年里突增了3倍，因此提出必须从严限制人数的说法。而曾于1996年在阿根廷组织40人开创南极教育探险旅行的南极旅游先驱者埃里克·林德布拉德则认为："我们无法去保护一个我们根本一无所知的东西。"他坚信，人们的亲身经历才是最好的教育，这种教育可以让人们真切地体察南极环境的特殊性，才有可能进一步认识到南极在全球生态系统中所起到的重要作用。

## 去南极是为了认知

2010年8月，《南方周末》及《中国国家地理杂志》携手发起"原生大陆 纯净希望"2010南极公益行动，面向社会公众招募46名来自各行各业参与队员，他们说——

"我来自内蒙草原，我是一名普通的牧民，如果不是频发的暴风雪和沙尘暴，也许我从来就记不住'南极'这个地名，后来我从电视上看到，南极那儿的冰融化一点，气候就变化一点，暴风雪就多一点，植被也会少一点，沙尘也会大一点。"

"我来自岭南，家有果园，今年的台风来过快十次了，每次都是难得一遇的等级，我不知道这是什么原因。女儿从学校回来，说过地球变热，海水变热，风就会变乱，我也没听懂，她就说，你就记住要环保，每个人都环保，台风就不会乱刮，她说的对不对呢？"

"也许要解答这些问题，不必真的去南极，然而正因为我们要去南极，回来之后我们才会成为更加坚定的环保卫士。"来自山西的孙律师对记者说。

"所有的中国人都听说过南极的故事，听说过它的美丽、它的神奇以及它现在面临的环境危机。"刚刚去过南极的齐先生说，他是上海的一名银行从业者，他还说，"我们都知道南极的冰山融化，将把上海淹掉，真相是什么呢？那就自己过来看看。"

　　他们的心声，就是"想要保护南极，必须先从了解南极开始"。整个活动的主旨标明了去南极的意义：我们带领着数十位平民到南极去，我们到南极去看、去听、去学习，我们对环境保护的理解一定会得到提升，然后运用媒体放大，通过一传十、十传百影响身边尽可能多的人。

　　对于来过和将要来到这片大陆的每一个人，置身此地是一种幸运。然而，与此同时，来到这里也就意味着你将肩负责任。来到这里的人多数会心怀尊重，以一种对当地环境、文化、社会都有益的方式展开旅行。在南极这个极为特殊的地方，尊重和负责又意味着你不只是一个看过即忘、到此一游的普通游客。

其实，我们的Clipper Adventurer船所属的船务公司是国际南极旅游组织协会（IAATO）的，一直致力于将南极游与普通旅游分开来，要让来的人怀着疑问来，带着思考回去；从一开始，南极旅行就和教育、环保密不可分——特聘专家学者们分别举办介绍南极的生态环境、南极的岩层构成、南极气象特点和南极海洋生物鸟类等知识讲座，让我们来自世界各地的"国际生"受益匪浅。

认知南极，了解南极，你就明白了南极与全球变暖、与环保理念息息相关，南极对我们的未来有多么重要，你就自觉地有了一份责无旁贷的责任与义务。

## 去南极是为了回来

去南极认知、了解之后，回来怎么办？应该如何做？

自20世纪90年代初，探险家罗伯特·斯旺成立"2041"组织，在南极建立了第一个完全由清洁能源支持的南极教育站点E-Base。同年，该组织还发起了以"清洁能源之旅"为主题的环球航行项目，激发各大洲企业家和学生的环保行动。到目前为止，已经有400多名有影响力的商业领袖、教师、学生和青年参与到极地项目中。从南极回来之后，项目参与者无一不成为积极推动南极保护的环保公益人士，更有大部分人将南极保护和环境改善与自己的事业紧密结合，从商业、政策和教育等角度带来更大范围的影响。

冰川专家Marylou对将离开南极的中国团队在重返南美的告别会上说："我想了很久，要在你们即将回去前说些什么，我们看到越来越多的中国人来到我们这边，中国在世界上的力量也越来越强，能够做的事情也越来越多，希望你们回去后能够发动一些力量，来做一些改变，不光是南极，还有我们整个地球。"该团队也确实在努力，他们从南极大陆回来后，通过不少媒体，将地球海洋气候环境的真实困境转达回国内，并以宣言和行动，提倡环保，为地球留住纯净希望。

"南极是终点也是起点"——著名企业家王石在出发南极前接受记者采访时说。王石与一支6人探险队探险极点，他希望人们不要把徒步南极点看作是一次壮举，而是有着另一项特殊意义：公益无限。王石呼吁人们关注我们生活的这个地球，关注生态环境，"公益、环保、慈善以及其他有益于社会的事业才是支持我继续走下去的理由。"他平静且坚定地说。

　　我也是一个倡导并践行低碳生活人士，坚持多年步行上下班。自从南极归来后，我的低碳生活方式更坚定了：汽车更少开，路更多走；电视少看，空调也少用。事实上，每一个去过南极的旅行者在回到自己的日常生活后，往往会更积极地宣传低碳生活，并且更积极地推动可替代清洁能源的进展。我想，新生活方式加上新能源，这可能才是解决南极问题的那把钥匙。对那些一辈子都没能去南极的人，我通过写书、博客、网络等，让大家了解南极，懂得环保支持环保，这也是对自己南极情结的一种慰藉。

　　去南极是为了回来。

　　科学家回来，将南极面临的问题以数据的形式理性地呈现给大家；

　　旅行者回来，则以感性去切身体会去感知全球变暖而践行低碳生活。

　　南极欢迎的，永远是有责任的爱心使者！

# 追梦B：踏上南极之旅

## ——旅行贴士

天上最难的事，是太空旅行；天下最难的事，是叩访南极。

去南极，应该是绝大多数人这一辈子最高级别的出游，

是对人的心智和体力的最大挑战，也是最花钱的旅游。

通常说，兵马未动粮草先行，因此，必须做好方方面面"备课"——

时间、行程、费用、交通、背囊、用具、食品、药物、住宿、美食、摄影等等的充分准备。

南极之旅，就全球旅行业界的角度来讲，属于人类现阶段旅行的巅峰，再往上大概就是不久将来的亚宇宙飞行了。所以，去南极应该是绝大多数人这一辈子最高级别的出游，是对人的心智和体力的最大挑战，也是最花钱的旅游。通常说，兵马未动粮草先行，因此，必须做好方方面面的充分准备，这包括先行者的提示——也就是旅行贴士，是你备好"粮草"的"军需官"。

## ——备好"功课"

第一项准备也是最费时间的，要备好"功课"。南极的相关知识主要有：

1.关于南极的法律文书。这方面，主要有《南极条约》及《关于环境保护的南极议定书》。1959年12月1日，阿根廷、澳大利亚、美国、英国、苏联等12国签署了《南极条约》，1961年6月23日生效，条约承认南极洲永久专用于和平目的和不成为国际纠纷的场所或对象，确认在南极洲进行科学调查方面的国际合作导致对科学知识的重大贡献，保证南极洲继续保持国际和谐。后来还签订《保护南极动植物议定措施》等一系列条约。特别一提的是1991年10月4日签署的《关于环境保护的南极议定书》，该议定书旨在保护南极自然生态。议定书规定，严格禁止"侵犯南极自然环境"，严格"控制"其他大陆的来访者，每天不能有超过500人次上一个观光点，每天岛上接待游客时间不能超过4小时，游客与任何动物的距离不能小于5米；游客有序登陆，所有人被要求穿上破冰船统一经过消毒的靴子，回到船上之前必须冲洗脚上的套鞋；游客除了记忆，什么都不能带走和留下；严格禁止向南极海域倾倒废物，以免造成对该水域的污染。议定书还规定禁止在南极地区开发石油资源和矿产资源。26个国家（含中国）签署了该公约。签字国将在未来50年内对南极生态保护承担严格的义务。

2.关于南极的基本知识。有关南极的地理、气象，南极的动物，南极探险等等。建议购买南极的相关书籍，或是上网搜集有关资料，并做好部分笔记，很有益处。

### ——健身强体

南极旅行，对每一个人尤其是体力都是一次严酷的挑战，这不仅要抵御南极风雪严寒，更要抵御德雷克海峡的狂涛巨浪和晕船考验。去南极当然越年轻越好，虽然因为财力而以中年人居多，但人到中年却常常是心有余而体力不足。因此，启程之前半年至一年的锻炼身体非常必要，锻炼可因人而异，多式多样：游泳、跑步、暴走、打球、跳舞等等。

### ——时间选择

去南极，全年只有11月至翌年3月期间，其中以12月、1月、2月三个月为佳。也就是说在我们北半球冬季最冷而南半球夏季最热时分，才能前往南极探险。南极的夏天沿岸地带平均气温约零下5℃，大陆地带平均气温为零下25℃~零下35℃之间，极区内天气变幻无常，有时会下雪，还可能会刮大风、下大雨等。

通常来说，南极有三个时段可考虑：11月是大冰块开始破裂及企鹅交配的时期；12月至翌年1月是企鹅孵蛋及企鹅仔出世的时间；2~3月是观鲸季节，企鹅仔正在褪毛及企鹅母子或父子同行之时。

依笔者看来，南极旅游的最佳时段是12月下旬，可见企鹅孵蛋，也很有机会看到企鹅仔，亦可在邮轮过圣诞节。1月可见企鹅仔，但需多付船费。

## ——报名方式

报名方式，其实也就是你的出游方式。主要有三种选择：

第一，半自助游式。亮点：自由灵活，性价比高。

1.购买船票。自行通过有关网络，需提前9个月预订南极破冰船（如 Clipper Adventurer）舱位，越早到网上预订船票，可以取得优惠折扣，省下不少钱；同一艘邮轮的内舱、外舱、套房价格相差很大；提前90天付清船票款。

爱途旅行网：www.lovetrip.cn

电话：400-700-5662

世界邮轮网：www.cruise.net.cn

2.办理签证。由于阿根廷没有开放自助游，需通过旅行社代办，方能顺利拿到阿根廷大使馆的签证。

3.往返机票。购买往返机票可优惠，可通过国内多个国际机票订票中心或网购，也可通过旅行社代购。

第二，拼团式，亮点：结伴出游，互相照料。

1.联系团友。充分发挥个人网络联系一帮同学同事或亲戚朋友，以4人、6人或8人、10人组合为佳，因舱位绝大多数是双床位。

2.团队路线。最好10人以上，通过旅行社作为一个小旅行团报名出游，自定路线图。

3.签证购票。通过旅行社办签；购买机票船票可一并由旅行社代办也可分开办理。（即旅行社买机票，船票直接上香港的爱途旅行网买或与船务公司洽谈，或许优惠更多。）

第三，旅游团式。亮点：省事省心，洒脱自如。

1.首选经验。一般来说各省市排名前三名的大旅行社即可。最好曾组过南极旅游的旅行社或机构，这点很重要，因为有无经验差别是非常明显的，广州的极至俱乐部曾多次成功组团南极游。

极至俱乐部
网址：www.polars.cn
地址：广州市东风中路410号时代地产中心906
电话：020-83487033　　传真020-83487036

2.两人结伴。喜欢独来独往的自由驴友，天下去哪儿都行，但南极说不！即使英语非常好（阿根廷流行西班牙语）、体质棒也不行，可千万不要自以为是而独闯南极，那是很冒险的，因无论在船或登岛，都需要伙伴关照、协助、提醒和沟通等。还有，船票方面也有障碍——通常情况下舱位是双床位同时购买的。

3.签证购票。均通过旅行社办签购票。

**——行程安排和所需费用**

正如条条大路通罗马一样，到南极的路线有许多。如何选择？答案是，因人而异，因财而异。这里，针对三类人有三种走法的建议：

1.时间或财力有一欠缺者，可分别选完美南极之旅、纯粹南极之旅。

从始发地到目的地，即香港–巴黎转机–阿根廷布宜诺斯艾利斯–火地岛（乌斯怀亚）–上南极破冰船；

A 时间欠缺者可选纯粹南极之旅，总价约9~10万元人民币。乘南极破冰船游览南极半岛，船上9天行程，可游览奇幻岛、彼得曼岛、佛纳德斯基研究站、丹可岛、艾卓岛等4~5个岛屿和雷麦瑞海峡、麦克森港、西尔瓦小海湾和纳克港多个海湾。

B 财力充裕者可选完美南极之旅，总价约12~13万元。乘南极破冰船游览南极半岛南北全部，船上13天行程，除了以上岛屿和海湾之外，增加极地更南端的雪山岛、迪翁岛和天堂岛绝美的景致。南乔治亚岛和玛格丽特湾可见最美丽帝企鹅，真正在南极的6~7天也就成为最珍贵的享受，见证南极景致和南极动物全美图。

C. 时间与财力均充裕者，纯粹并完美南极之旅，总价约13~15万元。乘南极破冰船游览南极半岛南北全部、南极部分大陆。船上16~17天行程，除了以上Ａ、Ｂ线的岛屿和海湾之外，增加部分大陆的行走和岛屿的攀登，甚至可在科考站夜宿体验；真正在南极的10天也就成为最难得最珍贵的阅历，见证南极全方位全景致。

此外，还有好建议：

没有去过南美大陆者，可连线其沿线亮点作为行程统筹安排，大概多费3~4天多花1万多元，很值得：香港–巴黎转机–巴西（游览里约热内卢）–游览伊瓜苏（世界最大瀑布群）–阿根廷（游览布宜诺斯艾利斯）–乌斯怀亚–上南极破冰船。

去过南美大陆的未达南非者，可选择借道游览南非（大概多费3天多花近万元，亦值得）：香港–南非转机（南非游览南非世界著名的"好望角"世界最美海滨城市之–开普敦）–阿根廷布宜诺斯艾利斯–乌斯怀亚–上南极破冰船。

喜欢户外运动特别是登山者，可选择报名参加在乌斯怀亚的登雪山活动。上南极破冰船前或后攀登地处世界最南端的国家公园–火地岛国家公园的勒马尔歇雪峰，山坡上布满原始森林，牛羊成群，雪峰顶可欣赏闻名世界有"世界的天涯海角"之称的合恩角，并可浏览太平洋和大西洋的分界线比格尔海峡的秀色，最美最值得。

### ——交通工具

"海陆空"工具的选择（屁股指挥脑袋，钱包左右定位；当然更需要考虑登陆限制及个人喜好）。

"海"——各类破冰船和超级邮轮：

第一，各类破冰船。

"尖峰探险者" Clipper Adventurer等破冰船（百余人的载客量最佳）。优势——船小好登陆，登陆及时间限制小，全体人员每天上下午都可登岛，岛上每次停留2小时左右，晚上还可出海湾；劣势——横渡德雷克海峡太颠簸。

第二，普通及超级邮轮。

"海豚号"是目前吨位最大的一艘，有16000吨；六星级"银海"邮轮；星辰"公主"号等。优势——船大，好安稳横渡德雷克海峡，旅程较为享受包括许多房间配阳台观海景；劣势——超过千人的超级邮轮不准登岛，只能在船上远眺南极雪山，那企鹅便只是一些小小黑点了。而500人左右的普通邮轮较少机会登岛，要按颜色分组轮流，每天分批只能上岛一次，岛上停留时间限制在1小时。

"陆"——乌斯怀亚出租车方便，但司机只懂西班牙语，需将目的地用西班牙文写好。

"空"——尽量选择香港起降的美联航、国泰等大型机型。

**——背囊物件。**

航运实行严格配额制，每人限托运30公斤行李。特别是阿根廷国内布宜诺斯艾利斯–乌斯怀亚航班，因中小机型限制非常严格，我们两个来回被罚交了数十美金，是冷衣及杂物太多所致。

1.衣服及配套

最难最烦的是着装。因几乎经历春夏秋冬，必备适应四季的衣服，箱子空间要精确划分，按气温变化换装。

衣服类（防水、保暖）：

——春秋装为主，船上中央空调恒温20℃左右：薄毛衣（不必备太多冷衣）、背心、T恤、衬衣；

——严寒套装为辅，船外温度通常在零下5℃~零下10℃：防风雪外装——附兜帽的御寒大衣，船上发厚装1件，自带中等厚1件、厚毛衣及薄毛裤各1件；

——夏装兼备，往返阿根廷首都正值南美盛夏，短袖衣中裤各1~2件；

——正装需备（船长晚宴），男士西装女士裙装；

——泳衣可备，船上有系安全绳的冰海游泳，勇者可一试。

防水用品：防水透气衫裤一套，登岛必备，非常重要。防水裤2件，防水手套，防水袜，防滑靴。

配套类：手套、袜子（厚、薄各3双，登陆要穿两双：厚袜子加防水袜），带上短筒套鞋（船舱外穿，防水靴子船上发）。帽子两顶，保暖透气帽，带耳帽子和松紧毛线帽，或可用头套，最好加一条围脖，以抵抗寒气。

2.用具

电脑：小型手提电脑及配件。主要用于写航海日志、写博文，储存整理分类照片或录像，拷录"海洋大学"的上课或参阅资料。如要上网，必须借船上的手提电脑且需交昂贵费用。阅读大量各类文章、信息或资料（在乌斯怀亚上船前下载好），看碟；配件除了必备之外，u盘（2G以上）、读卡器、相机内存卡等。

可保温电热水器非常必要。船上（包括酒店）无热水供应，泡茶、冲牛奶（餐厅供应冷牛奶）、泡速食面、喝温水等等。

防晒物品：防雪墨镜、太阳镜，防晒霜。

背囊：上下船登舷梯，上岛使用非常实用。

小物件：多功能插座、水果刀、指南针、小手电。

3.书籍

因船上有大量时间，最好带上电子书、简装书。

4.食品

船上美食、美点、水果应有尽有任享用，船上每日有6餐含正餐、点心、宵夜。

只需速食面、啤酒可乐等，备几包速食面在晕船时食用是必要的，船上提供的啤酒、饮料价格较高（速食面及饮料可在乌斯怀亚买）。

5.药物

尽管船上有卫生室和医生，船上备有晕船药效果特好，但必备的小药品不可或缺。还有肠胃药（保济丸、保和丸、腹可安、黄连素）、感冒药（复方感冒灵、维C银翘），其他如风油精、人参含片备用。

6.摄影装备

摄影友需带两部相机及多个镜头（减少换镜头时间，镜头为广角镜、中焦变焦和长焦）为佳：一部轻便型配常规镜头的在橡皮艇上拍，一部重量级配300毫米镜头（如200毫米需加配倍镜）；在陆地拍5~10米外企鹅及企鹅仔、远处动物景物很好；脚架在岛上及船上固定用。

因南极冰最好，拍摄需减2个档，带上滤光镜；多带菲林12~20卷（或内存卡10~20G或光盘）；需备充足电池，低温下耗电较大；塑料袋（防上下橡皮艇时溅湿相机）。

有经济实力者，最好带上哈苏XPANⅡ型（配30毫米超宽镜头），几个岛上可拍冰山雪原、冰海企鹅等天人合一的有震撼力的宽幅佳作。

返程前船上会组织"好照片大交流"，大家可晒靓照，可交流交换；组织方最后还会将靓照编辑刻制CD盘，每人一份"珍贵纪念册"。

# 附录

## 南极知识ABC

*南极概况*

### 南极概貌

南极位于地球最南端。南极大陆面积1239万平方千米，附近岛屿面积7.6万平方千米，大陆岛屿外缘的陆缘面积约1.58万平方千米，总计1404.6万平方千米。南极约占世界陆地面积的10%，相当于中国和印巴次大陆面积的总和，世界第五大陆块。它亦是最为偏远的大陆，离最近的南美洲约有1000千米，而与新西兰、澳大利亚的塔斯马尼亚岛及非洲分别约有2500、2720及3800千米的距离。

南极四周为太平洋、印度洋和大西洋所包围，多半岛和海湾。海岸线曲折，总长247万千米。

整个南极大陆被一个巨大的冰盖所覆盖，南极洲平均海拔为2350米，是地球上最高的大陆，是拥有青藏高原的亚欧大陆的平均高度的2.5倍。南极纵贯山脉有多座超过4000米高的山峰。南极洲的最高处——文森山地高5140米，位于西南极洲。

南极大陆表面上看起来如同一块荒地，环绕其四周的海洋遍布着冰、风、雪。人类如无外界支持，根本无法立足，除了科学研究基地里定期轮换的工作人员外，南极地区没有任何居民与聚落。

## 南极的形成

南极大陆原被称作冈瓦纳大陆块的一部分，它是个多岩石的陆地，其最古老的岩层，可达30亿年以上。

1912年，德国的气象学家魏格纳（Alfred L.Wegener）提出"大陆板块漂流理论"。他认为原本在地球南面，有一称作"冈瓦纳之超级大陆块"，它包括今日南极大陆、非洲、南美洲，澳大利亚、新西兰及印度。当今的地质学家认为，大约在1亿800万年以前，冈瓦纳大陆块开始慢慢分裂漂离，而形成今日以上各大陆地及岛屿。南极大陆约在4500万年前漂流到南极点附近成型，且环绕四周强烈的南冰洋洋流，将其与较暖的北方海洋分隔，令其急剧冰冻成所谓的"冰川冻土"之地。新西兰和澳大利亚约在9600万年前，最后才从冈瓦纳分裂出来。现今，以上各陆地，仍然以每年1~6厘米的速度继续漂离。

科学家们曾分别在各陆地发现同样岩石、矿物、动植物化石，甚至海底陆地的地磁形态。于南极大陆恩德比领地海岸一带，与印度半岛东岸及斯里兰卡一带有极为相同的结晶岩。新西兰、澳大利亚以及阿根廷发现同样的榉树林。而在今日南极大陆上南极纵贯山脉，可发现与澳大利亚、新西兰、印度、南非及南美有相同的动植物化石。另外，在以上不同陆地上，当冰河退却后，可发现来自3亿5000万年前冰河时期所遗留下来之相同的沉淀物。

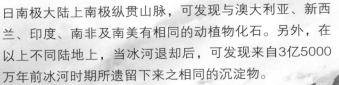

## 南极特征

### 世界最寒冷之极

　　南极洲的年平均气温在零下28℃，但南极大陆内部的年平均气温在零下40℃~零下60℃，在南极测到的最低温度是零下88.3℃，1983年7月在南极冰盖高原的东方站测到的，这是目前世界上的最低气温。南极仅有冬夏两季之分，4~10月为冬季，11~3月为夏季，沿海地区夏季月均气温0℃左右，冬季沿海月均气温为零下30℃~零下15℃。南极的冬季就是地球上最寒冷之极。

### 暴风雪最强之地

　　南极也是风最大的大陆。南极沿海地区的年平均风速为17~18米/秒，阵风可达40~50米/秒，据澳大利亚莫森站二十年的统计资料显示，每年八级以上大风日就有300天，最大风速达到100米/秒，这种风其风力相当于12级台风的3倍。南极的大风特别可怕，令人望而生畏，不仅可以把人卷入高空，而且能轻而易举地掀翻巨大的飞机，将机翼折断。所以南极被喻为"世界风极"、"风暴杀手"。

**冰雪量最多的大陆**

南极大陆上的大冰盖及其岛屿上的冰雪量约为$24 \times 106$立方千米，大于全世界冰雪总量的95%。如果这些冰雪全部融化，全球的海平面将升高50米，世界的陆地面积将有2200万平方千米被海水淹没。

**最久最大的冰盖**

南极大陆的冰盖也是地球奇观之一，是几千万年以前形成的。它不仅储存了地球上95%以上的永久性冰川和72%以上的淡水资源，而且还像一部无字天书，记载着许多极其宝贵的科学信息。例如，其中不同层面上的大小气泡里，保存着几百万年乃至一千多万年以前的古空气。

**最干旱的大陆**

南极大陆的年平均降水量仅有30~50毫米。随着大陆纬度的增加降水量明显减少，大陆中部地区的年降水量仅有5毫米。在南极点附近，年降水量近于零，比非洲撒哈拉大沙漠的降水量还稀少。所以，南极是世界上最干旱的地区。其主要原因是固态的冰雪降落在大陆后形成巨大的冰盖，加之极端寒冷的气候和极少的日照量，冰盖的累积量还略大于消融量，形成干燥的"白色沙漠"。

### 平均海拔高度最高的大陆

众所周知，世界五大洲的平均海拔高度依次是亚洲950米，北美洲700米，非洲650米，南美洲600米，欧洲300米。而南极洲的平均海拔高度是2350米。那是因为南极大陆上巨大而厚的大冰盖所致。冰盖的平均厚度为2200米，最大厚度达4800米，使南极大陆的平均海拔高度达到2350米，居世界之首。

### 最低的洼地

地球上最低的地方也在南极。南极大陆上的本特莱冰下槽谷，海平面以下2500多米，比北冰洋的平均深度还要深两倍多呢！这是在巨大冰盖的重压之下，大陆地壳向下弯曲的缘故。

### 最荒凉孤寂的大陆

南极大陆是世界上至今唯一没有常住居民的大陆。只有一些到南极考察的科学考察人员短期在南极工作，每年约2000人左右。大陆四周被大洋包围，极端的低温和恶劣的气候环境，大陆上仅有低等植物苔藓、地衣以及企鹅、海豹等适应南极极端恶劣自然和生态环境的动物。南极称得上地球的洪荒之地和最荒凉孤寂的大陆。

**最长昼夜的大陆**

地球的南北极圈内会出现半年是白天，半年是黑夜的奇特现象，人们称之为极昼和极夜。极昼和极夜是仅在南北极高纬度地区出现的一种高空物理和天气现象，是随着纬度的增高而越明显。它是由于地球的自转轴与地球围绕太阳运转轨道平面之间造成的。

**最洁净的大陆**

由于南极大陆至今没有常住居民，更没有工业废物污染，少许的科学考察人员和旅游者的人为影响也是有限的。所以，南极大陆至今仍是原始生态、洁白无暇的冰雪世界、真正的世界野生公园和最洁净的大陆，也是从事科学实验最理想的圣殿。

**海洋蛋白资源最丰富的地区**

南极地区蕴藏海洋生物资源——蛋白资源尤为丰富，例如海豹、鲸、鱼类和富含高蛋白的南极磷虾资源。据1980~1990年十年间，国际南大洋海洋生物资源两次调查获悉，南大洋中蕴藏有15亿吨的磷虾资源，是地球上海洋生物资源量最丰富的地区。除了南极生态系统自然摄食和消耗外，人类每年可从南大洋捕获1/10，即1.5亿吨的磷虾资源量，而不会影响南极的生态系统平衡。这一捕获量相当于全世界海洋水产品的两倍。所以，人们将南极磷虾资源喻之为人类取之不尽、用之不竭的蛋白资源仓库。

**臭氧耗损最为厉害之地**

  1985年，英国科学家首次报道在南极上空发现了臭氧空洞。研究表明，南极大陆大气中臭氧含量的明显减少始于20世纪70年代末，并于1982年10月首次出现了臭氧含量低于200个臭氧单位的区域，形成了臭氧洞。通常，在南极上空臭氧洞于9月下旬开始出现，在10月上旬臭氧洞的深度达到最深，面积达到最大，于11月底至12月初臭氧量迅速恢复到正常值。20世纪90年代以来，南极臭氧洞持续发展，臭氧洞最大覆盖面积达到$24×106$平方千米。南极臭氧洞的出现提醒人们，大气臭氧层——地球上一切生命的天然保护伞正在受到严重的破坏。

## 南极海冰

规模巨大的冰架是南极特有的景观。在南极大陆周围，越接近大陆的边缘，冰变得越薄，并伸向海洋，形成了宽广的冰架。也就是说，冰架是南极冰盖向海洋中的延伸部分，这些冰架的平均厚度为475米，最大的冰架是罗斯冰架、菲尔希纳冰架、龙尼冰架和亚美利冰架。由于这些冰架，南极大陆面积可增加150万平方千米。冰架能以每年2500米的速度移向海洋，在它的边缘，断裂的冰架渐渐漂移到海洋中，形成巨大的冰山。

在南极的冬季，严寒的气候使南极周围海面结冰，海冰完全封住了整个大陆，并且可向北伸展到南纬55度。一般在每年的9月份，海冰的面积达到最大值，被海冰覆盖的海洋面积达2000万平方千米，这一面积比南极大陆本身面积还要大。每年夏天，一般是在2月底，海冰的范围达到最小值，85%的海冰漂流到不冻海域融化掉，甚至在许多地方，海冰一直融化到海岸，船舶可以直接航行到岸边。南极海冰每天最多可流动65千米。

**南极冰山**

　　南极的冰山是非常吸引人的景观，而平台状(桌状)冰山是南极所特有的，从远处望去，洁白的冰体，壮美的身姿，常常给人们留下永生难忘的记忆。从大陆冰床和冰架上断裂而成的冰山非常多，并且比北极的冰山要大得多，它们中间大的面积有时可达数十平方千米，个别的可长达近200千米。从冰架或冰川边缘断裂下来不久的冰山，通常是平台状冰山，它们的顶部非常平坦，甚至可以作为轻型飞机的机场。它们常常高于水面几十米，而水面以下可达200～300米。随着不断的消融，冰山会进一步地分裂、翻转、坍塌，加上海流海浪的作用，会形成各种形状的小型冰山。南极冰山会在海流和风的推动下，以每天10～20千米的速度移动。

**最大冰山**

      南极的冰山有的非常巨大，远远超出人们的想象。从南极洲冰川末端和冰架滑落的数量最多，规模最大，多呈桌状延展。1956年11月12日，美国"冰川"号破冰船，在南太平洋斯科特岛以西240千米附近，发现一座冰山，长335千米，宽97千米，面积达31000平方千米，相当于比利时国家的面积，是世界大洋上发现的最大冰山。1958年冬天，美国"东方"号破冰船，在格陵兰以西的大西洋洋面，发现一个面积360平方千米的冰山，高出海面167米，是迄今发现的最高冰山。

### 最长冰川

世界冰川以分布地区划分，可分为大陆冰川和山岳冰川。大陆冰川多分布于高纬地区，以巨大面积和巨大厚度作盖层状覆盖，故又称为冰盖，其中一部分也可成为单独的冰川。如东南极洲南纬70°～75°和东经60°～70°之间的大冰川，1956～1957年间由澳大利亚极地考察家发现，定名兰伯特冰川，冰川宽64千米，与上游的梅洛尔冰川合计长约402千米，与费舍尔冰川的支冰川合并计算，总长514千米。这是世界最长的冰川。

## 南极特有

### 矿物矿藏

南极洲有藏量丰富的矿物资源，目前已经发现的就有220多种，包括煤、铁、铜、铅、锌、铝、金、银、石墨、金刚石和石油等，还有具有重要战略价值的钍、钚和铀、铈及镉等贵金属和稀有矿藏。据科学家估计，在罗斯海、威德尔海和别林斯高晋海蕴藏着500亿桶的石油和3万亿立方米的天然气。南极洲煤的蕴藏量大约有5000亿吨。在东南极洲的维多利亚地以南，煤的蕴藏量极为丰富，煤田面积达25万平方千米。最大的铁矿在查尔斯王子山脉，其范围绵延数十千米。

**南极主要海洋动物**

　　南极地区的海洋动物主要有鲸、海豹和企鹅。它们从陆地周围的海水中觅取食物。20世纪50年代，南极海域的捕鲸量曾达到世界捕鲸量的70%左右。所捕获的最大蓝鲸，身长37.8米，为目前所知世界上最大的动物。南极海域生产名贵毛皮的海豹惨遭捕杀，现仅存有六种海豹。

**海豹奇特的感觉功能**

　　雌海豹在陆地分娩，它在分娩时如受惊吓，能够把幼仔重新缩回腹中，等到环境安全再把幼仔推出来。这种自我控制分娩过程的习性在其他哺乳动物中尚属罕见。

　　海豹中，一些与母亲分离的小海豹每年有十分之一被饿死。为了适应这种母子联系，海豹进化了一整套的感觉功能。在尾随母亲时，小海豹几乎叫个不停，这种叫声频率很高，在空气中和水中都能传播，但一旦小海豹断了奶，产生这种叫声的能力也随之消失了。

　　海豹的视觉系统也是两栖性的。美国加州大学和加拿大不列颠哥伦比亚大学的研究人员所做的解剖发现，海豹的眼睛能适应水下和陆上看东西。

### 帝企鹅在南极内陆过冬

帝企鹅有着天生的御寒服：全身长有3层重叠的羽毛，密接的鳞片状，不仅让海水无法浸透，而且寒风也无法侵袭。帝企鹅们选择孵化的地方，常常是内陆的空旷地。这样的选择避免了被大雪覆盖，但同时也因为没有山体的遮护，那里会遭受更强烈的寒风。帝企鹅们为保持温度挤在一起，每平方米挤在一起的企鹅可达8~10只。这些身高达到1.2米左右的帝企鹅，如此密集地挤在一起，宛如铁板一块，多凛冽的寒风都无缝可乘。而它们各自裸露在外的小部份，因为有来自更大面积身体的热能供给，也就安然无恙了。科学家们经过长期观察发现，每隔一段时间，中间的帝企鹅会自觉替换外围的同伴，让同伴回到队列中间恢复体温。

原来，保障企鹅们不被冻死的生存智慧居然如此简单——团队合作。

### 永远生活在光明中的海鸟

南极洲的许多岛上有其他种类的鸟，包括雪鸟、信天翁、海鸥、贼鸥和燕鸥。北极燕鸥，这种轻盈的海鸟看上去轻得好像会被一阵狂风吹走似的，然而它们却能进行难以置信的长距离飞行。它们体重90克至2公斤，提供了良好的飞行条件，因此北极燕鸥是世界上远程飞行纪录的保持者。另外，北极燕鸥在北极地

区筑巢，繁殖后向南极海域迁移。它们总是在两极的夏天中度日，而两极的夏天太阳总是不落的，所以它们是地球上惟一永远生活在光明中的生物。

## 南极独特海洋生物

南极发现的无脊椎动物有 387 种。与南极大陆贫乏的生物种类相比较，南大洋生物资源异常丰富，其生态系中有个稳定的食物链即：浮游植物→浮游动物→磷虾→乌贼、鱼类→企鹅、鸟类→海豹→鲸；磷虾是南大洋食物链中关键的一环，其总贮量为15亿吨；除此，贮量为1亿吨的乌贼和近2万种鱼类。南极共有21种企鹅，大都生活在南纬45°～55°地区。

还有，冰鱼、毛头星、筐蛇尾、灰鳐、海虱，也是南极独特的海洋生物。

冰鱼：这种奇特的海鱼能够抵御南极海水的冰冷，它们的身体几乎透明。它们也有血液，但是血液中没有红细胞，因此它们的血液也是无色的。

海猪：它们是海参家族一员，如同陆地上的蚯蚓一样，默默地耕耘着海底的沙石。

毛头星：是海百合的一种。3亿年前就生活在南极海域了，它们的触须不停地随海水漂动，以海藻为食。

筐蛇尾：这是一种奇特的海蛇尾，是海星家族的一员。体重可达5000千克，寿命长达35年。它们在安静时可缩成一个小球，在遇到敌害或捕食时，可在1分钟内舒展所有的长腕。它们主要以海床上的一些小动物为食。

灰鳐：它们在南极算是一种大块头的捕食者，经常如幽灵般在海床附近穿梭，以其他小动物为食。科学家预测，随着南极海域变暖，灰鳐等大型捕食者将越来越多，这将危及南极海洋生态。

海虱：这是一种半透明的等足类甲壳动物，外观有些像生活在数亿年前的古生物中的三叶虫。

## 南极陆地上最大的动物

如果问南极陆地上最大的动物是什么，十有八九的人会异口同声地说"企鹅"！其实不然，企鹅和海豹，都是海洋动物，它们到陆地上来那是为了休息和繁殖。南极最大的陆地动物是一种没有翅膀的蚊子，这种蚊子仅有1~2公分长，只有在南极半岛最靠北的地方，才能找到这种"庞然大物"。它们一年中有300多天冰棍似地冬眠，在夏季最温暖的时候才能解冻。一旦醒来就赶快找东西吃，并繁殖与活动，30多天后，又冻成冰棍睡大觉去了。

## 南极探险

从1772年英国探险家丁·库克扬帆南下到19世纪末，先后有很多探险家驾帆船去寻找南方大陆，历史上把这一时期称为帆船时代。20世纪初到第一次世界大战前，尽管时间短暂，但人类先后征服了南磁极和南极点，涌现了不少可歌可泣的探险英雄。历史上称这一时期为英雄时代。

第一次世界大战后至50年代中期，人类在南极探险逐渐用机械设备取代了狗拉雪橇。1928年英国的H. 威尔金驾机飞越南极半岛，1929年美国人R. 伯德驾机飞越南极点，同年另一美国人L. 艾尔斯沃斯驾机从南极半岛顶端飞至罗斯冰架。飞机在南极探险方面为人类宏观正确地认识南极大陆提供了可靠的手段，历史上称这一时期为机械化时代。从1957～1958年的国际地球物理年起至今，众多的科学家涌往南极，他们在那里建立常年考察站，进行多学科的科学考察，人们称这一时期为科学考察时代。

### 第一个探险南极未成功探险家

18世纪起，探险家们纷纷南下去寻找传说中的南方大陆。1772～1775年，英国J.库克船长历时三年八个月，航行97000千米，环南极航行一周，几次进入极圈，但他最终未发现陆地。

### 第一个发现南极岛屿及抵达最高纬度的探险家

1819年，沙俄派别林斯高晋率东方号与和平号两艘船，历时两年零二十一天，分别在南纬69°53′、西经82°19′和南纬68°43′、西经73°10′发现了两个岛。1823年2月英国人J.威德尔南下到南纬74°15′，创造了当时南下的最高纬度。

### 第一个到达南磁极的探险家

1909年，D.莫森、E.戴维斯和A.麦凯首次到达当时为南纬72°24′、东经155°18′的南磁极。

### 第一个独闯南极洲的人

独闯南极洲的第一人确定是挪威律师埃林·卡盖。1993年11月17日，29岁的卡盖从南极洲伦那讷冰架上的伯克纳岛出发，白天拖着装满生活用品的120公斤重的雪撬，以每天平均27千米的速度滑雪行进，经过五十天的艰苦跋涉，独自走了1310千米。

### 第一支到达南极极点的探险队

1908年，英国的E. 沙克尔顿挺进到南纬88°23′，离南极点仅差180千米，但由于食品耗尽而折回。1911年12月14日和1912年1月17日，挪威的L. 阿蒙森和英国的R. 斯科特率领的探险队先后到达南极极点。

### 第一支国际横穿南极探险队

1989年7月27日，由中、法、美、苏、英、日六国各1名队员组成的国际横穿南极探险队从南极半岛出发，沿着过南极点、东方站最后到达和平站的最长路线，开始了仅靠狗拉雪橇和滑雪板横穿南极大陆的征途。此次历时219天，行程5986千米，1989年12月11日经过南极点时曾发表《南极宣言》，1990年3月3日国际横穿南极探险队胜利到达终点。

南极条约体系

　　1959年12月1日，阿根廷、澳大利亚、比利时、智利、法国、日本、新西兰、挪威、南非、英国、美国、前苏联12国的代表在华盛顿签署了《南极条约》。

《南极条约》主要内容为：禁止在条约区从事任何带有军事性质的活动，南极只用于和平目的；冻结对南极任何形式的领土要求；鼓励在南极科学考察中的国际合作；各协商国都有权到其他协商国的南极考察站上视察；协商国决策重大事务的实施，主要靠每年一次的南极条约的例会和各协商国对南极的自由视察权。中国于1983年6月8日加入南极条约组织，同年10月被接纳为协商国。《南极条约》有40个成员国，其中26国为协商国，14国为非协商国。

继《南极条约》之后，协商国又于1964年、1972年、1980年先后签订了《保护南极动植物议定措施》、《南极海豹保护公约》和《南极生物资源保护公约》；1988年6月通过了《南极矿物资源活动管理公约》；1991年10月在马德里通过了《南极环境保护议定书》。《南极条约》和上述公约以及历次协商国通过140余项建议措施，统称为南极条约体系。1991年，在马德里通过的《南极条约环境保护议定书》中第25条规定，自议定书生效之日起五十年内禁止在南极进行矿物资源开采活动，从而确保了南极大陆的和平与安宁，为全面保护南极、科学地认识南极奠定了基石。

　　1991年10月，在波恩举行的第十六届南极条约协商国会议通过了13项建议备忘录，并发表了南极条约30周年宣言，重申《南极条约》的宗旨与原则："为了全人类的利益，南极应永远专用于和平目的，不应成为国际纷争的场所与目标。"

南极条约组织非联合国机构。在1983年的联合国大会上马来西亚等国提出将南极问题列入联大议程，主张南极是全人类的共同遗产应由联合国管理，但遭到南极条约协商国的一致抵制，因此尽管南极问题自1983年以后一直列在联大议程内，但未取得进展。

南极研究科学委员会（简称SCAR），隶属国际科联，是专门组织、协调南极科学研究的国际性学术组织。SCAR每两年召开一次会议，以促进南极条约协商国成员国之间及其他国际学术组织的交流与合作。大会期间还举行生物、地质、冰川、气象、高空大气物理、大地测量与制图、人体生理医学等学科的分组学术讨论会，南大洋生态与生物资源、海豹等方面的专家组会议。SCAR 自1958年成立至今召开过21次会议。1991年，SCAR在德国不来梅举行大规模的南极科学大会，回顾、总结了30年来在南极研究方面各重大学科取得的进展。SCAR最重大的研究课题是"南极在全球地圈－生物圈计划中的作用"。SCAR 现有21个正式成员国和7个非正式成员国，中国在1986 年6月举行的第十九届会议上被接纳为正式成员国。

（注："南极知识ABC"系引用有关书刊、网络资料整理而成）

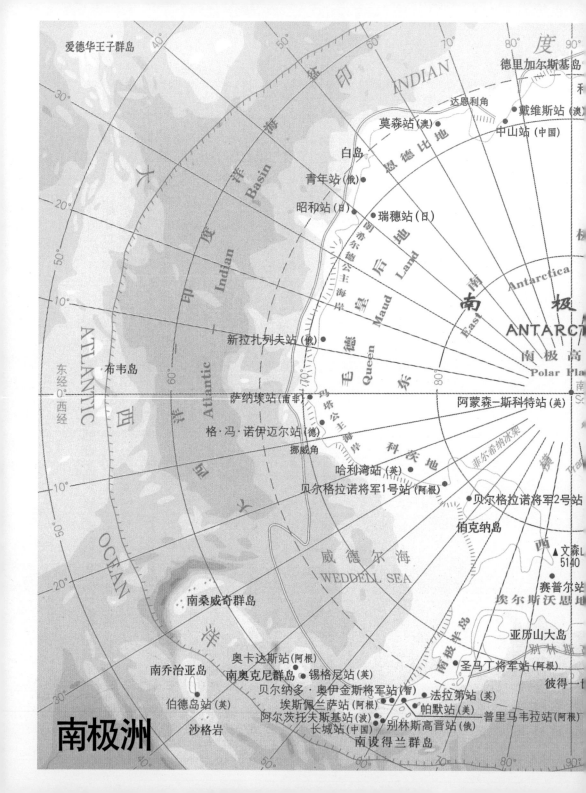

南极洲

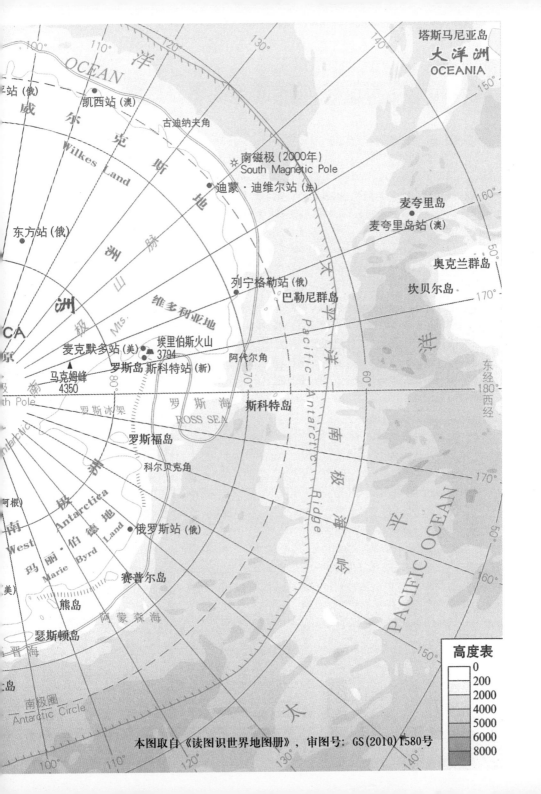

塔斯马尼亚岛

大洋洲
OCEANIA

凯西站 (澳)
古迪纳夫角

☆ 南磁极 (2000年)
South Magnetic Pole

迪蒙·迪维尔站 (法)

麦夸里岛

麦夸里岛站 (澳)

东方站 (俄)

奥克兰群岛

坎贝尔岛

列宁格勒站 (俄)
巴勒尼群岛

洲

极

威尔克斯地
Wilkes Land

洲山脉

维多利亚地

埃里伯斯火山
3794

麦克默多站 (美)
罗斯岛 斯科特站 (新)

阿代尔角

斯科特岛

Pacific-Antarctic Ridge

南极海岭

平

洋

马克姆峰
4350

South Pole

罗斯冰架

罗斯海
ROSS SEA

罗斯福岛

科尔贝克角

俄罗斯站 (俄)

赛普尔岛

熊岛

阿蒙森海

瑟斯顿岛

南极圈
Antarctic Circle

太

West Antarctica
玛丽·伯德地
Marie Byrd Land

东经
西经

PACIFIC OCEAN

高度表
0
200
2000
4000
5000
6000
8000

本图取自《读图识世界地图册》，审图号：GS(2010)1580号

《梦幻南极》是苑子视界的第2卷，是我去世界上最遥远的地方——南极游历中，自写自拍、图文并茂的游记式图文集。

我曾在《冬季到芬兰去看雪——我所见证的世界上最美的地方》（广东旅游出版社2006年11月出版的全彩图书）中表白，"创建一种新文本，一种图文并茂新文本的图文游记，为苑子视界……美文美图是目标，我将始终一步步前行，苑子视界（2卷、3卷……）会让你看到脚步走得更坚实更成熟"。为此，多年来我一直锲而不舍地给力。

《梦幻南极》一书的写作与拍摄，是我二十多年来最艰难也最给力的——

对拍摄来说：在德雷克海峡飓风巨浪下，在南极岛屿与港湾的雨雪天，在保护南极的各种遵循条件限制中，还有负重（两部相机多个镜头再加脚架约30斤吧）攀爬船梯和跨越橡皮艇的艰难。总之对我的摄影技术、身体体能、极地极限等等，都是最大的挑战。于写作而言：可以用两个字概括之，"特技"——"晃"与"站"。书稿的前部分："南极故事——旅行日志"是在Clipper Adventurer破冰船的交谊厅中每天的摇摇晃晃及晕船反应中写成的；书稿的后部：恰逢广州梅雨气候导致腰椎病疼痛，只能是"站着说话（写字）不腰疼"，几乎是站着——将手提电脑放在高鞋柜上写完。

当然，给力的何止我一个呢？

有广东省地图出版社给予大力支持与扶助，特别是出版社负责人精心指导和刘素娟编辑的认真编审，有摄友、文友（杨承德、潘平、陈娟、刘玉娟、孙建华等人）的指点和帮助，有船友阿周、阿康协助摄影以及他人提供的资料；更有美术编辑的精湛技艺及精心编排。还有家人的支持：先生提出意见，美国读研的儿子翻译船上印发的英文资料等等。南极之旅终生难忘，《梦幻南极》得以出版，也是来自各方的共同给力！

特别一提的是《梦幻南极》一书，是我几本成书中边写边流泪的一本。南极的感染力，以及对南极的反思与忧虑，可爱企鹅的魅力等等，不禁真情流露，道义使然。

作者写南极，为了南极的今天和明天，也为了地球的现在与未来！

读者看南极，也应该看今天的南极，保护明天的南极，共同珍爱我们生存的地球！

爱心相通，大爱无垠——南极您好！南极永在！

苑子

2011年4月2日初稿写于广州中山一路梅花村
2011年10月22日修改于广州大道中强大厦